JN232115

稼げる！新農業ビジネスの始め方

株式会社 農テラス　代表取締役
農業参入コンサルタント
山下弘幸

すばる舎

はじめに

加速する農業の〝ビジネス化〟

新しい農業、「新農業ビジネス」は儲かるチャンスに満ちている！

まず私が訴えたいのはその点です。

私が本書を書きたいと思った原点は、新たな生き方を模索している方々を農業界にリクルートしたいという思いです。

「農業界はいいよ。みんなこっちにおいでよ！」というメッセージを発信して、まずみなさんに、「今の農業って、そんなふうになっていたんだ。意外だな。知らなかったな」と感じてもらい、さらに「それだったら、自分にもチャレンジできるんじゃないかな」「やってみたいな！」と思ってもらいたいのです。

みなさんは、「農業」に対してどんなイメージをいだいているでしょうか？

いまだに「泥にまみれて働くブルーカラーの仕事だ」と思っているのでは？

残念ながら、それは仕方のないことかもしれません。これまでの日本における農業の位置づけがそういうものだったからです。

１９６０年の日本の「農家人口」は３４４１万１０００人、「農業就業人数」が１４５４万２０００人、「基幹的農業従事者数」は１１７５万人でした（農林水産省「農林業センサス」、「農業構造動態調査」より）。

農業人口とは農家の世帯員の総数、農業就業人数とは16歳以上の世帯員のうちで主として自営農業に従事した者の総数、基幹的農業従事者数とは農業就業人口のうち、ふだんから農業を主な仕事としている者の総数です。

ちなみに同年の日本の総人口は９３４１万８５０１人でしたから、約37％の人が農業で食べていたし、16歳以上の人の約13～16％が農業に従事しているか、主たる仕事にしていたということになります。

すなわち、農業はまさに日本の基幹産業だったわけです。

その後、日本の産業構造が変化していく中、若者がどんどん集団就職して都会に出ていくようになりましたが、今、都会で暮らしている人たちに聞くと、「実は私のおじいちゃんたちも農家だったんですよ」とか、「いや、うちの家内の実家も農家なんですよ」という人だらけですし、二世代、三世代遡（さかのぼ）ると、農家だったという人がほとんどです。それだけ、日本人にとって農業は身近な産業だったわけです。

ところが、多くの人が農業に対してマイナスのイメージをいだいています。おじいちゃん、ひいおじいちゃんたちから、苦労話をさんざん聞かされてきたからでしょう。農業に対するイメージが、野良仕事をしていた頃の農業で止まっていて、「農業って、たいへんだ」と思い込んでいます。

その結果、みんな「今さら農業を選択するなんてあり得ないよね」と、〝農業〟を最初から敬遠してしまっているのです。

もちろん、日本人が農業をさげすんでいるわけではありません。むしろ、神聖なものだととらえています。

たとえば、古くから伝わる五穀豊穣を祈る祭りや神事を、とても大切にしています。あるいは近年では、「アグリカルチャー」という言葉がブームになっていて、「農業を文化継承という側面から見直そう、農業とは神々しいものだ」などという人も増えています。それはそれで、たいへん結構なことだと思います。

しかし、それが農業の発展という面ではマイナスにはたらくケースがあることも見逃してはなりません。〝文化継承〟だとか〝農業は神聖なものだ〟といった側面ばかりが強調されると、「農業とは、経済社会とはちょっとかけ離れた世界観の上に成り立つものだ」という話になりがちです。そのため、理想論ばかりが先行して、なかなか「農業を〝産業〟としてとらえよう」という話にならないのです。

さらに言うなら、なにより問題なのは、「サラリーマンは平均年収400万円だが、農家の年間所得は150万円くらいしかない」「農業は儲からない」「だから農業では食べていけない」というイメージができ上がっていることです。

まずは、そのイメージを捨ててもらいたいと思います。

日本の農業は劇的に変わっています。驚くほどテクノロジーが進んで、〝頭を使う職業〟になっています。それと同時に、農業をビジネスとしてとらえ、大成功している人が次々と誕生しています。

確かに今、いきなり「農業はすばらしい就職先だよ」と言われてもピンとこないと思います。特に、都会で暮らしている人たちにとっては、「なに言ってんの?」といったところでしょう。それは、多くの人が農業をきわめて限定的にとらえているからです。

たとえば、商業、工業、サービス業も、農業と同様、下に〝業〟が付いていますが、それぞれ、どんな産業かと聞かれたら、「商業は右から左にモノを動かすこと（商い）

によってお金儲けをしている業」「工業は原材料を加工し、製品として付加価値を付けることでお金を儲けている業」そして「サービス業は物品ではなくサービスを提供することでお金を儲けている業」だと答えるでしょう。

それに対して「農業は?」と聞かれると、多くの人は「農業とは、人に有用な植物を栽培、あるいは有用な動物を飼養することだ」と答えるところで止まってしまいます。なにが言いたいかというと、「農業は生産物を売買するところまで含めたビジネスだ」と考えている人は、まだまだ少ないということです。

私はそこに気づいてほしいと思っています。人はお金を得るための経済活動を〝業〟と呼んでいますが、農業も「ビジネスであるという点では、他の業とまったく同じなんだ」ということに――。

日本の農業は大きな変革期を迎えています。

農業をビジネスとしてとらえる人たちが登場し、「新農業ビジネス」と呼んでいい、新たなビジネスモデルが次々に生み出されていますし、1年に1億円売り上げる新農業人が続々と誕生しています。

またそれにともなって、新たな人材、それも農業以外のスキルをもった人が広く求められるようになっています。

今、みなさんはビジネスマンとして働く中で身につけた、さまざまなスキルを駆使して活躍していることと思いますが、農業界でもそれらのスキルが必要とされるようになってきたのです。

たとえばパソコンの得意な人がいたとしましょう。自信のある人は、就職先としてグーグルのような超最先端の会社をめざすでしょう。しかしそこには、すでに優秀な人がいて活躍しています。そのため、就職すること自体も難しいし、なんとか就職できてもなかなか活躍の場を与えられない、という場合も少なくありません。

それくらいなら、中小企業をめざすという人もいるでしょう。今、中小企業は人手不足で困っています。グーグルではトップに立てなくても、中小の企業なら、自分の能力を最大限に発揮でき、しかも「ああ、うちによくぞ来てくれた」とＶＩＰ待遇を受けられるでしょう。

あるいは、放送関係の仕事に就きたいと思っている女性なら、競争の厳しいキー局の女子アナとしては活躍できなくても、地方局でならトップアナウンサーの座を手にすることができるかもしれません。

実は、今の農業界もそれと同じです。つまり、農業ビジネスの最前線では、みなさんがもっているスキルを活かす場がどんどん広がっていますし、その需要は今後ますます高まっていくことは間違いないのです。

ところが残念なことに、今、農業に携わっている人ですら、それをきちんと理解している人は少ないのが現状です。

相変わらず、「農業はたいへんだ。きつい。儲からない」と言われる中で、後継者が育たず、高齢化が進んで担い手がどんどん減少しています。

前述したように、1960年には1175万人だった基幹的農業従事者数は、2017年には150万7000人にまで減っています。しかもそのうちの100万1000人は65歳以上です。そして、「農業は神々しいんだけど、野良仕事をしてなんぼの肉体労働だよ」「農業なんて、おじいちゃん、おばあちゃんが苦労してやるもんだよ」というイメージだけが先行してしまっています。

しかし、そんな農業界にめちゃめちゃ稼いでいる人たちが出現しています。年間10億円を売り上げる人もいれば、メルセデスやBMWを乗り回している人もいます。

その人たちは、よっぽどおいしい野菜をつくったり、よほど特別な農法をしたから成功した……わけではありません。実は、「農業はビジネスなんだ」ということに気づいただけ！　農業をビジネスとしてとらえることができた人が、チャンスをつかみ、びっくりするような所得を得ているのです。

本書では、そんな農業ビジネスの最前線を紹介しながら、どのようにして農業ビジネスに参入していけばいいのかについて、解説していくことにしましょう。

２０１８年９月吉日

株式会社　農テラス　代表取締役
山下　弘幸

目次

我は農業界のジョン万次郎なり

第3章

農業会社に勤めてガッチリ起業準備をする

第4章 農業起業してガッチリ個人事業者になる

第5章 めざせ！ 農業コンサルタント

第1章

農業で成功するためのキーワードは〝ビジネスセンス〟

つくるだけが農業じゃない！ 農業はビジネスだ

農業ビジネスで成功できる人と、そうでない人の差は、「生産することが農業だ」と思っているか、「いや生産し、それを売ることが仕事だ」と認識しているか、そのほんのわずかな違いにあります。

「生産することが農業だ」という認識では、農業をビジネスとして考えることはできません。「農産物をつくるというのは大前提だが、それを実際に売ることによって、経済活動をするのだ」という明確な認識が必要です。

実際、今の日本の農業界で、〝つくるだけ〟で勝ち組になっている農家はないと言ってもいいでしょう。つくるだけでは儲からないのが現実です。まして、これまで農業と縁のなかった人が、「生産することこそ農業だ」と、農業に参入したところで、生活を成り立たせることすら難しいでしょう。

成功しているのは、これまでの農業のやり方をいかにビジネスに転換するかを考え、それを実行した人だけです。

多くの人は、「そんなことを言ったって、まずは農作物の育て方を知らなきゃ話にならないじゃないか」と思うかもしれません。

「今まで種を蒔いたこともないし、トラクターに乗ったこともない。そんな自分が農業ビジネスで成功できるわけがないじゃないか」と思うわけです。

しかし、その考えは誤りです。

もちろん、農作物の育て方を知ることは大切です。しかしそれ以上に、「ビジネスを知っているかどうか」というキーワードのほうが大切です。さらに言うならば、日本の農業界が大きく変わりつつある今、ビジネスセンスがありさえすれば、これまで農業をしたことのない人でも大きな成功をつかみ取るチャンスがあるのです。

続々と誕生している農業ビジネス成功者

「はじめに」で、1年に1億円売り上げる新農業人が続々と誕生していると書きました。では、いったいどんな人たちが農業ビジネスで成功を収めているのか、成功者の中でもトップクラスの新農業人たちの具体的なケースを見ていくことにしましょう。

❶レタスとキャベツで年商10億円――北部農園

熊本県玉名市に「有限会社　北部農園」という会社があります。同社の年商は、なんと10億円規模を誇ります。

この北部農園をつくったのは上田教二さん（代表取締役会長）。彼は、もともと農機具メーカーや自動車整備工場、肥料会社などで働いていましたが、1982年に独立して、まず「北部肥料」を創業しました。

しかし、肥料を生産し、農家に営業をかけているうちに、「このままではダメだ」と気づきます。そもそも農家の人々は、儲からないのに積極的に肥料を買おうなどと思っていなかったのです。それでは肥料が売れるはずもありません。

また、農家の人々といろいろ話をしていると、「もっとこうすればいいのに」と思うことがいくつもありました。そこで上田さんは、「もっと農家が利益を上げられる仕組みをつくらなければダメだ」と思うようになります。

上田さんがすばらしいのは、そこで「よし、自分たちも実際に農業に取り組もう。農業が儲かる仕組みをつくろう」と、次なる挑戦を始めたことです。

1989年、上田さんは熊本市改寄町（現在の熊本市北区）で野菜づくりを始めます。とはいえ、それまで農業をやっていたわけではありませんから、すべてが試行錯誤の繰り返しだったようです。しかし、逆にそれがよかったと言えるでしょう。

日本の農業は、もともと自治体や農業協同組合（農協）の指導のもとで行われてきました。この作物をつくるなら、いつ種を蒔いて、いつ肥料をやって、いつ収穫するか、すべて横並びでした。

しかし農業経験のない上田さんには、そんな指導をしてくれる人はいません。指導者がいないから、自分が「こうやったらいいんじゃないかな」と感じる視点で、レタスやキャベツを中心とする農業をスタートさせたのです。

上田教二さん夫妻（『熊本日日新聞』平成22年2月4日付より）

当初は、周囲の農家さんから「変わったことをしてるなぁ」と言われたそうです。たとえば、ビニールハウスとビニールハウスのあいだは2メートルくらい空けて建てるのが当たり前だとされていました。

しかし上田さんは「それは無駄だ」と考え、ビニールハウスの間隔を80センチにすると決めてしまいます。農家のプロにしてみると、「あいつは素人だからな」ということになりますが、そうすることで同じ土地により多くのビニールハウスを建てられます。実に合理的な判断です。

またビニールハウスの上には、被布（ビニールシート）を掛けますが、それがバタつかないようにハウスバンドを使って、だいたい50センチほどの間隔で押さえるのが一般的とされていました。それはかなりたいへんな作業です。そこで上田さんは、「なぜそんな無駄なことをするんだ。ビニペット（ビニール固定部品）で押さえれば飛んでいきはしないよ」と、ハウスバンド無しにしてしまいます。さらには、パイプハウスの骨組みの間隔を、通常50センチのところを60センチ間隔にするなど省力化、コストカットを進めて、実に20％の経費を削減できているそうです。

上田さんが考えていたのは、「受注生産」（契約栽培）でした。一般的に、農家がつくった農作物は農協を通して青果市場に流れていきます。しかし上田さんは、最初から青果市場を通さない流通ルートを独自に開拓していきました。カット野菜会社や商社、流通大手などと直接取引したのです。

１９９９年には、現在の「北部農園」を設立し、生産拠点を熊本県玉名市の横島干拓地や天草地方に移し、レタスやキャベツなどを中心に事業を広げていきました。農地は自社所有のものもあれば借地もありますが、現在、同社の耕作面積は約70ヘクタールにも及び、そのうち半分近くをビニールハウス栽培にあてています。

ビニールハウスなら天候に左右されず、1年間に3回から4回の収穫が可能ですから、安定的、効率的に栽培できます。また、連作障害を防ぐためにオリジナルの肥料を使用するなどして、生産性の向上と同時にコスト削減を実現して、今では、レタスに関して言えば、熊本県全体で他の農家が出荷するのと同じくらいの量を、北部農園1社で出荷しています。

要は、農家のプロたちがルーティンワークに縛られ、既成の概念から抜けられなくなっていたのに対して、素人だった上田さんは合理的に考え、それを実行したのがよかったということです。

❷ベビーリーフで急成長――HATAKEカンパニー

茨城県つくば市に本社を置いている「株式会社 HATAKEカンパニー」の木村誠さん（代表取締役社長）は、早稲田大学理工学部工業経営学科の出身です。

木村さんは大学卒業後、自然の岩石から抽出したミネラル原料の化粧品や農業用活性剤を開発・製造している会社に就職しましたが、その会社の農業用ミネラル液を持って農家さんを回っているうちに、〝事業としての農業〟に

HATAKE カンパニーの木村誠社長

可能性を感じるようになります。農業の問題点や野菜づくりの難しさは十分に理解していましたが、それと同時に楽しさや、やりがいもあると思ったのです。

そして1998年4月に、木村さんは思い切って行動に出ます。会社を辞め、5か月の準備期間を経て、夫婦で「木村農園」を始めました。

当然のことですが、右も左もわからないスタートでしたから、たいへんだったでしょう。しかしあるとき、業者さんから「ベビーリーフをつくってくれないか」と声を掛けられました。ベビーリーフとは野菜の新葉（幼葉）のことで、今でこそサラダなどの素材として人気ですが、その当時は商

HATAKE カンパニーの生産品目（同社ホームページより）

品として流通しているわけでもないし、生産している農家はほとんどありませんでした。

ふつうの農家は「つくってくれないか」と言われても、「そんなもの売れるのか?」と躊躇（ちゅうちょ）するところです。ところが木村さんはもともと農家ではありませんから、まったく先入観がありません。「わかりました」と言って、独学でベビーリーフをつくり始めました。

実際、「できましたよ」と言って納品すると、「次も頼むよ」「もっとつくってよ」という話になりました。また、評判になるにつれ、「うちも頼むよ」と、いろいろなところから引き合いがくるようになりまし

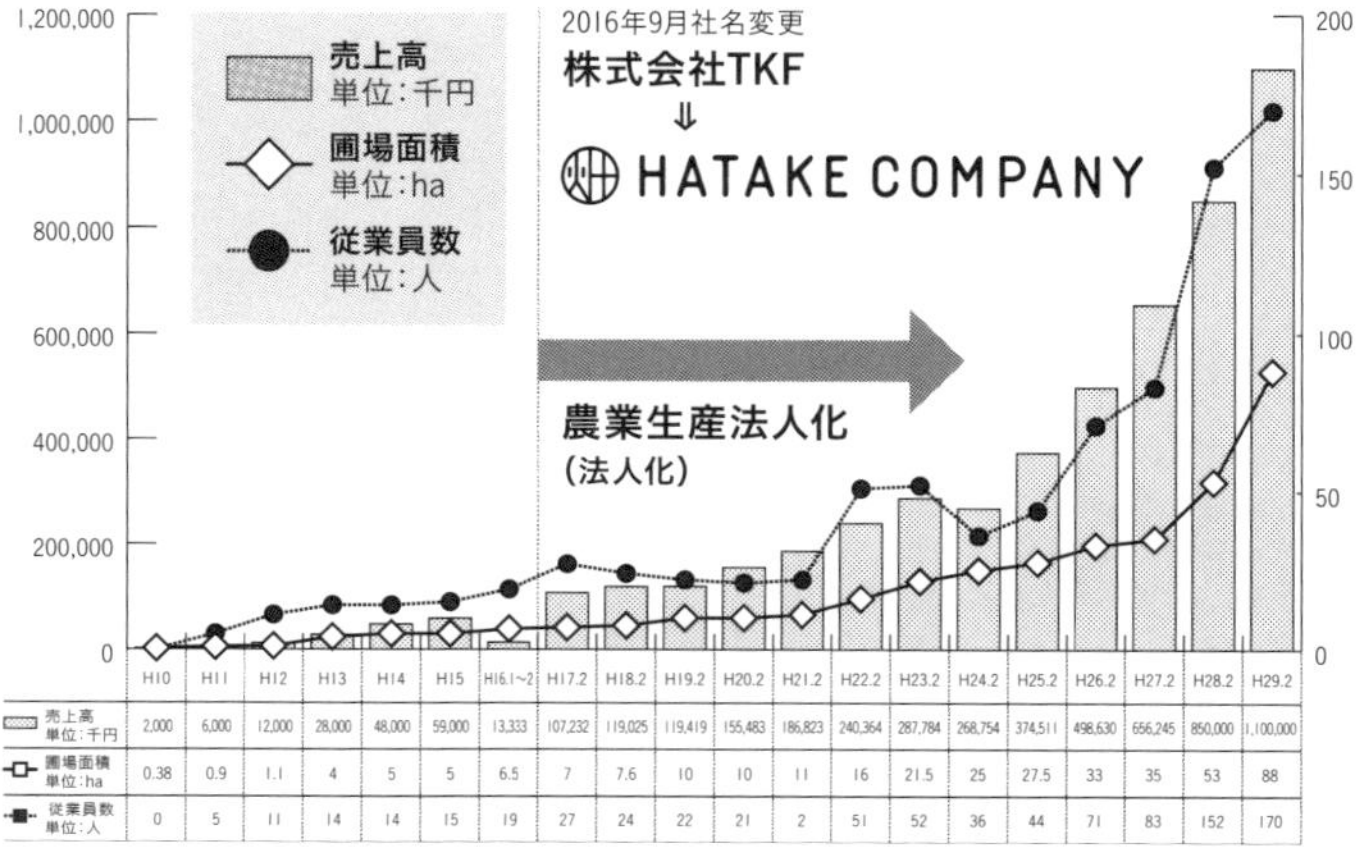

	H10	H11	H12	H13	H14	H15	H16.1~2	H17.2	H18.2	H19.2	H20.2	H21.2	H22.2	H23.2	H24.2	H25.2	H26.2	H27.2	H28.2	H29.2
売上高 単位：千円	2,000	6,000	12,000	28,000	48,000	59,000	13,333	107,232	119,025	119,419	155,483	186,823	240,364	287,784	268,754	374,511	498,630	656,245	850,000	1,100,000
圃場面積 単位：ha	0.38	0.9	1.1	4	5	5	6.5	7	7.6	10	10	11	16	21.5	25	27.5	33	35	53	88
従業員数 単位：人	0	5	11	14	14	15	19	27	24	22	21	2	51	52	36	44	71	83	152	170

HATAKE カンパニーの農業生産事業推移（同前）

た。

そこで、２００７年には「農業生産法人　株式会社　ＴＫＦ」を設立します。次々と増える注文に「わかりました」と応えて、農地を広げているうちに、生産拠点はつくばエリアだけでなく、大分県臼杵市や岩手県滝沢市にも広がっていきました（いずれも２０１５年開設）。

２０１６年には「株式会社ＨＡＴＡＫＥカンパニー」と商号を変更して、今に至っていますが、年間売上げは、２０１４年度に5億円、２０１５年度に6・5億円、２０１６年度に8・5億円、２０１７年度に11億円と、順調に伸びています。

この木村さんの成功も、前述した上田さんと同様、従来の農

HATAKE カンパニーの出荷工程（同前）

業の在り方に縛られなかったからこそのものだと言っていいでしょう。

居酒屋さんみたいに、「ビールちょうだい！」と言われたらビールを出す、「ホッケちょうだい！」と言われたらホッケを出す、「煮付けちょうだい！」と言われたら煮付けを出すというように、オーダーに対して「かしこまりました。喜んで！」と、お客さんのために商品を提供し続けてきた結果、いつの間にか売上げ10億円超になったのです。

つまり、〝サービスを供給することによってその対価をいただく〟という、ごく当たり前の経済活動を農業でやってみせたというわけです。

現在、ＨＡＴＡＫＥカンパニーは従業員が１７０名を超える大きな会社になりましたが、その急成長の背景には「トヨタ式のカイゼン活動」が大きな要因としてあるようです。この農園には元・トヨタ自動車の張富士夫名誉会長らも視察に来られたことがあります。

これまでの家内工業的なセルフ農業を、製造業と同じライン生産・大量生産ができる態勢へと変革する、リーディングカンパニーと言ってもいいでしょう。

❸流通業から農業に進出――むらおか

福岡県福岡市には「有限会社　むらおか」という会社があります。直営農場のほか、全国各地の有機農場で生産された農作物の卸・販売を行っている会社です。

社長の村岡廸男さんは、もともとは食品流通業界にいた人です。彼は、たとえば「オーガニックのカボチャを１００ケースください」というオーダーが入ってくるたびに、生産者のところに仕入れに行っては、お客さんの要望に応えていました。

しかし、オーガニック野菜の人気が高まるにつれて、時として注文に応じられないケースが増えてきたのです。「１００ケース欲しい」と言われても50ケースしか確保

年間100トン出荷される新鮮な軟弱野菜

できなければ、もう〝商い〟になりません。

　そこで考えました。「それなら九州の有機野菜農家を結び付けよう」と——。

　村岡さんは、１９９６年５月に会社を設立して、翌年から本格的に有機野菜の販売をスタートさせました。

　２０１３年10月には大分県宇佐市安心院町に「農地所有適格法人　株式会社　安心院オーガニックファーム」（ビニールハウス：１・７ヘクタール、露地：約６・７ヘクタール）を設立し、ベビーリーフやパクチー、ハーブなどの軟弱野菜を中心に、年間を通じて１００トン程度出荷しています。

　さらに、２０１４年４月には認定農業者の資格を収得し、現在は大分県臼杵市にも「臼

安心院オーガニックファームの社員＆パートさん

杵農場」（ビニールハウス：約0・3ヘクタール、露地：約2ヘクタール）を展開しています。創業からわずか5年で年商は約1億円を突破し、現在も拡張し続けています。

福岡市のむらおか本社に、安心院オーガニックファーム、臼杵農場、九州各地の協力農家で生産した有機野菜を集めてパッキングし、そこから顧客や販売店に届けるという仕組みです。

つまり村岡さんの発想は、農業をして食べていくためのビジネスモデルではなく、〝自分が立ち上げた野菜流通ビジネスをさらに進化させるためには、どうしたらいいのか〟を考えた末に導き出されたものだったわけです。

そういう意味では、開始当時から村岡さんには、自分が農業をやっているという意識はあまりないのかもしれません。流通業者として自分のビジネスを総合的にとらえたとき、農業に乗り出すことが必要だったということです。

❹和紙製造からお茶づくりに——中村園

福岡県八女市の「株式会社 中村園」もおもしろい会社です。

もともと同社は、1872年創業の和紙製造会社「中村製作所」が起源です。それを継いだのが現在の社長である中村健一さんでしたが、２０１１年10月には、お茶の製造・加工・販売のための会社、中村園を設立します。全国的にお茶の産地として知られる八女では最後発の参入でした。

コンセプトは「Lead the Change」。率先して新しいことに取り組み、商品づくり、仕組みづくり、そして人づくりを刷新していこうという会社です。最後発であるがために、既存の常識を打ち壊すことが可能であろうと考えたわけです。

中村さんは、もともと官僚でした。いずれは家業を継がなければならないと思っていましたが、日本の政府と経済の仕組みを勉強したいということで、10年間と期限を区切って経済産業省に入省しました。その後、ふるさとの八女市に帰り、ベンチャー企業を立ち上げようと考えました。候補は、当時ベンチャー花盛りであったＩＴ産業もしくは農業でしたが、「農業にはまだまだ伸びしろがある。これからの地方産業の中心は高付加価値農産業だ！」ということで、今までにない農産業の組織をつくり上げようと考えました。

経済の仕組みを考えていくと、最終的には一次産業にたどり着きます。二次産業も三次産業も、すべて一次産業というベースの上で成り立っています。つまり、一次産業がなくなることは決してないということです。

農業界には、業界特有の問題が多々あります。生産人口の高齢化・減少、小ロット多品種生産に関する流通機能の不備、プロダクトアウト型の生産、低い資金回転率などなど、新しいことに取り組みにくい環境ばかりがそろっているのです。その結果、農業は衰退しています。

一方で、経済の仕組みを考えていくと、一次産業は、日本のみならず、すべての国において必要不可欠な産業です。先ほども述べたように、二次産業も三次産業も、一次産業の上で成り立っています。

中村さんは、新しい農業のニーズの存在と、そのために必要な取り組みを地域で提言していましたが、動く気配

中村健一社長（左）と、室園農業エンジニア（右）

がありませんでした。そのため、みずから会社を立ち上げることにより、率先して新しいことに挑戦し、業界を変えていくことにしました。

中村さんは、農業を特殊な産業と見るのではなく、最初から一般的な産業・経済として見ており、また、いかに〝ふつうの産業〟として誰でも取り組めるようにするか、ということに尽力しています。

たとえば、農産業の継続では欠かせない農業未経験者や外国人技能実習生の受け入れに向け、福岡のお茶生産者として「グローバルGAP」を初めて導入しました。

グローバルGAPとは、ドイツに本部を置く非営利団体（FoodPLUS）が運営する、世界中の農・畜・水産物を審査できる食品安全の総合

中村園は新しい農業のかたちをめざしている。グローバルギャップ認証の茶畑

的な適正農業規範（Good Agricultural Practice）基準のことです。〝良い農業を実践する〟ために必要なマニュアル的な機能も有しており、農業未経験者を教育するのに最適なのです。今では、新しいことを実践したい個人農家も社員として参画し、また中村園の理念に共感する周辺の農家とも連携し、さまざまな新しい取り組みが始まっています。

さらに、煎茶などの日本茶とハーブをブレンドしたオリジナルブランド「はるのき」を製品化して、高級レストラン、百貨店、大手食品メーカー、さらには海外で販売するなど、新しい農業のかたちをめざしています。

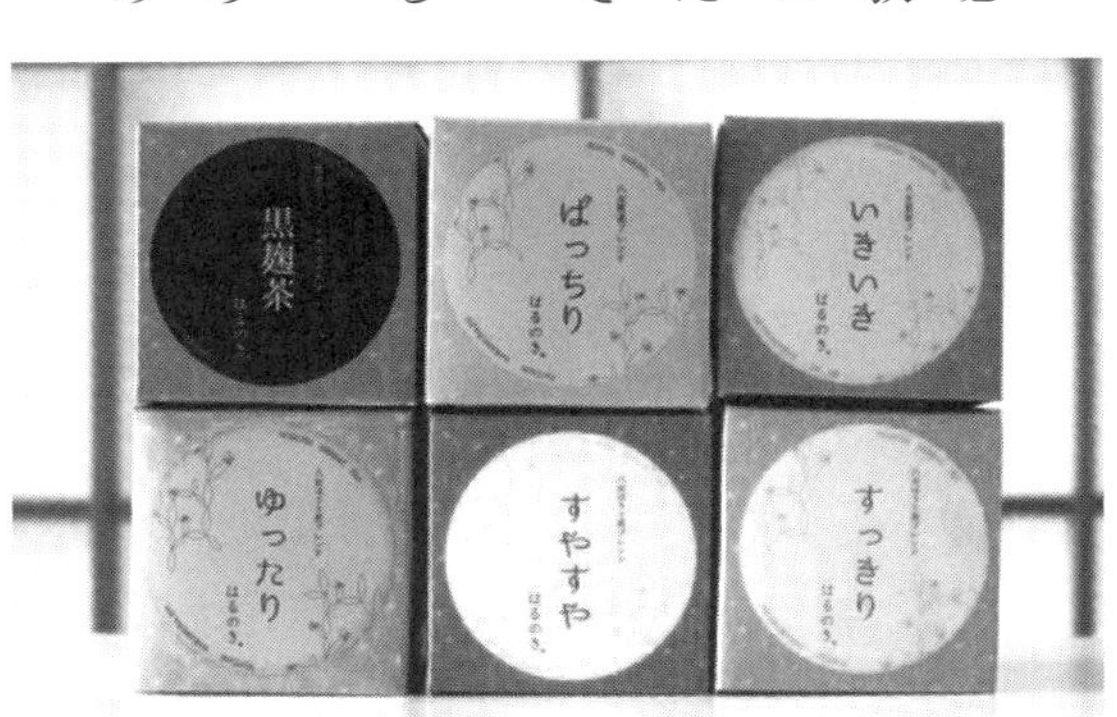

オリジナルブランド「はるのき」

ここまで紹介した4社は私も関わっている会社ですが、それ以外にも、農業界以外からこの業界に飛び込んで、おもしろい取り組みをしている方々を紹介していきましょう。

❺月の満ち欠けを利用した多品種果樹栽培に取り組む──にしだ果樹園

熊本県玉名郡で「にしだ果樹園」を経営する西田淳一さんは、元・富士通のビジネスマン。

果樹農家に転身した西田さんの栽培法は、とてもユニークです。

西田さんは農家の息子として生まれたにもかかわらず、農業よりスポーツに没頭して実業団の陸上選手として活躍していましたが、2000年に家族の都合で農業を始めました。しかし、それと同時に、父が行う農園とは別に「にしだ果樹園」という会社をつくり、独自の多品種

「月読み栽培」で世界市場をめざす西田淳一さん

果樹栽培に挑んでいます。

その独特の栽培法が「月読み栽培」というもの。

この栽培法では、園内の草刈り、枝の選定、果実の収穫のタイミングなど、栽培管理を月の満ち欠けを基準に行います。植物の生態と月暦を活用して、果実本来の魅力を引き出す手法です。

また、〝果樹園にあるもの（落ち葉や雑草など）は持ち出さず、外部のもの（肥料や農薬など）は持ち込まず、園内にある環境のみで果実を育てる〟というナチュラルな生産スタイルをとるなど、常に、実際にこの果実を口にしてもらうお客様目線で栽培にあたっています。

しかし西田さんのユニークさは、栽培方法だけではありません。

果実が育ったストーリーを直接消費者に届ける「ダイレクト販売」を行っているのも特徴的です。

ＳＮＳなどを通じて、生産者の思いや果実栽培状況、生育状況などの情報を発信し、果樹園に実際に足を運んでいただいて、園の雰囲気を感じてもらったり、果実の収穫を通して自然や農業の厳しさにも触れてもらったりと、お客様とのふれあいやコミュニケーションを重視した農業を行っています。

また、2005年には自社ブランド「果楽」(KARAKU)を立ち上げ、商品企画、販売および海外輸出事業を開始し、現在では周年で季節折々の果実を30種ほど栽培して、香港、シンガポール、マレーシア、台湾、EUとも取引をしています。まさに気鋭の果樹栽培者と言える人物です。

海外でも人気の「果楽」でブランド

❻飲食業から黒にんにく王へ転身──松山ハーブ農園

青森県青森市で、黒にんにくを年間150トンも生産し販売している「株式会社松山ハーブ農園」の松山法明さんは、にんにくを生産から加工販売まで一貫体制で手がけています。

松山さんが農業を始めたのは2013年3月。それまでは仙台、青森、東京などに飲食店を最大27店舗運営するビジネスマンでした。

業態は和食、洋食、イタリアン、焼き肉店に至るまであらゆるもので、キャバクラやエステサロンなどのサービス店まで幅広く事業展開するかなりのやり手でした。しかし体をこわしたことをきっかけに、ほとんどのお店を閉めて農業を始めることに。

当初は、地元青森の特産であるにんにくやハーブ、各種野菜の生産・販売のほか、黒にんにくおよび関連商品やハーブの加工・販売、農家レストランなどの運営を中心に行ってきましたが、２０１４年より、百貨店の青果売り場等で黒にんにくの販売を開始したところ、百貨店から高い評価を得て、

イベントにも積極的に参加して「黒にんにく」をPR！

黒にんにく生産に力を入れるようになります。

しかし、自社製造のにんにく生産量が限られているため、需要に見合った供給ができない状態が生じ、自社農園に加えて連携生産者からも供給できる体制を構築。さらに保管庫および熟成機械の増設を行い、黒にんにくを製造販売することで原材料の付加価値向上を図ろうと、新たに別会社を設立します。

それが2017年に開設した黒にんにくの生産加工販売会「株式会社 エージーシー」です。

黒にんにく王・松山法明さんは今日も農作業！

同社は東北の地銀4行（荘内銀行、東北銀行、北都銀行、みちのく銀行）、みずほフィナンシャルグループ2社、および農林漁業成長産業化支援機構（A－FIVE）が共同で設立している「とうほくのみらい応援ファンド」も活用しています。新規就農者の受入れも積極的に行うなど、農業振興・地域貢献に協力する姿勢や、にんにくの生産量日本一という青森ブランドのさらなる確立にも寄与する可能性が評価され、ファンドの出資につながったようです。

これまでも多角経営を実践してきた松山さんは、サプリメント開発や輸出にも注目しており、他業界で培ったビジネスセンスを農業でいかんなく発揮している注目の農業者です。

今は「幕末農業時代」だ！

ここまで紹介してきたように、今、農業界で活躍し、成功している人たちは、みんなもともと農業をしてきた人たちではありません。

農業を始めて、長くてもせいぜい20年ほどです。私は本書を読まれるみなさんに、まずその事実に気づいてほしいと思います。

〝農業を新たな視線で見直すと、そこにはチャンスがいくらでも転がっている！〟ということです。

とはいうものの、私はなんの但し書きもなく「農業は成長産業だ」と言い切るのは控えたいとも思います。

たとえば政府は、アベノミクスの成長戦略で、〝成長産業〟として「農業」「医療」「福祉」「エネルギー」などを挙げていますが、私は〝農業は将来性のある世界だが、みなさんが思っている成長産業とはちょっと違う〟と思っているからです。

これまでの経済の歴史を振り返ってみると、成長産業が成り立っていたのは、基本的に今後も急激に需要が広がっていく分野でした。

戦後の日本経済を支えてきたのは、三種の神器（テレビ・電気洗濯機・電気冷蔵庫）で成長した家電メーカーや、マイカー時代の到来で世界のトップに躍り出た自動車メーカーなどの第二次産業でした。また、それにともない運輸、通信、商業、金融、サービス、情報通信産業などの第三次、第四次産業も発展してきました。これから先も、新たな技術の開発により、新しい成長産業が次々と誕生していくことでしょう。

しかし、農業はそうしたいわゆる成長産業とはちょっと違います。

まず、生産するものは、みんなが食べる農作物であることは、これまでとまったく同じです。また、人口減少時代に突入した日本で、これまでのように〝右肩上がりの成長〟を期待できるわけではありません。

間違いなく国内のマーケット規模は少しずつ縮小していきます。

しかし、そのマーケットをシェアしている人の構図が、これから急激に変わっていくことは間違いありません。今でこそ、国産の農作物のシェアのうち98％は、従来から農業を営んできた農家によって占められていますが、今後は、新規参入者が占める割合がどんどん増えていくことは間違いないでしょう。

こうした変化のきっかけは、規制緩和による「農地法の改正」です。

農地改革でも変わらなかった日本の農業

そもそも戦後日本の農業は、ＧＨＱ（連合国軍最高司令官総司令部）の指揮のもとで、１９４７年に行われた「農地改革」（農地の所有制度の改革）に始まりました。

これにより、大地主が支配していた農地は政府によって安値で買い上げられ、ほぼタダ同然の値段で、実際に農地を耕作していた人々（小作人）に売り渡され、多くの自作農家が誕生しました。

その後、１９５２年7月には「農地法」が成立します。

農地の転用や売買、賃借を規制する法律でしたが、まさに農家を守るための法律で、〝農家の、農家による、農家のためのもの〟でした。

そして大量に誕生した自作農家は、１９４８年に組織されていた農業協同組合（農協）に組み込まれ、〝相互扶助〟の旗印のもとで一つにまとまっていきました。

それは、農家にとって都合がいいことでもありました。やらなければならない作業は、先祖代々続いてきたのと同じですし、つくる作物も、つくる時期も、そしてつくった作物の流通も、すべて農協という〝お上〟にまかせておけばよかったからです。

どういうことか、もう少し説明しておきましょう。

明治維新で廃藩置県が実施され、日本は近代化への歩みを始めましたが、農業だけは違い、幕末期のような状態が続きました。

そもそも、日本においては古来より、農業は神聖なものとされてきましたし、農業をいかに振興させて農民を支配するかが、為政者にとっての最大のテーマとなってきました。たとえば、江戸時代の各藩の財政を支えていたのは年貢米です。

そのため、各藩は農業振興に力を入れました。たとえば小田原藩士だった二宮尊徳が「報徳仕法」と呼ばれる農村復興政策を指導したのも、その一例です。

一方、農民たちも村々で協力体制を築いていきました。たとえば、つい最近まで、地方に行けば、「ゆい（結）」という風習が残っていました。田植えや稲刈り、あるいは家づくりなどを共同で行うための相互扶助組織です。

また江戸時代には、たとえば、大蔵永常という農学者が「民に利を得させてはじめて為政者の利となる」と主張して商品作物の栽培・加工を実践指導しましたし、大原幽学という農政学者は下総国（しもうさのくに）香取郡長部村（現在の旭市長部）で、「先祖株組合」という世界初の農業協同組合をつくったことで知られています。

日本という国にとって、農業はまさに国の基盤となる大切な産業だったのです。

それは明治維新後も変わりませんでした。

農業の世界は江戸時代以来の旧態依然とした状態が続き、大原幽学がつくった「先祖株組合」の流れは、１９００年に設立された産業組合や、帝国農会（１９１０年）、さらに太平洋戦争中につくられた「農業会」(1943年)、さらには戦後のGHQによる「農地改革」の一環としてつくられた「農業協同組合(農協)」(1948年)へと引き継がれていったのです。

そして農家は農協の支配下に入り、たとえば隣り合って畑をもっていても、加盟している農協が違えば没交渉で、協力し合うこともなければ、情報交換をすることもなく、ただただ自分が加盟している農協の指示に従って農作業を行ってきました。

その結果、日本では幕末と変わらぬ農業が延々と続いてきたのです。

しかし、ついにそれが大きく変わるときがやってきました。

2009年6月に農地法が改正されました。1952年に制定されてから57年ぶりに、やっと法律が変わったのです。

その結果、農地を効率的かつ適切に利用するなら、個人は原則自由に農地を取得して、農業に参入できることになりましたし、農業法人も一定の条件を満たせば農地を所得できるようになりました。

そればかりではありません。貸借の場合なら、株式会社や農事組合法人も、条件を満たせば「農業生産法人」として全国どこでも農業に参入できるようになりました。

さらに２０１５年９月の改正では、「農業生産法人」の名称が「農地所有適格法人」へと変更され、その取得要件も大幅に緩和されたうえに、「農地所有適格法人」が直接農地を取得できるようになりました。

つまり、「もはや農地は農家だけのものじゃないよ。農地を他の人にリースしてもいいし、売ってもいいよ。農家でない人も、会社も、どんどん農業に参入していいよ」ということになったわけです。

そして、新たな農業をめざす人たちが農業に参入するようになりました。

彼らは農協の仕切りなど気にしませんし、場所にもこだわりません。どこで事業を展開するかも自由です。

たとえば熊本県出身の人が、長野県に農場をもったり、北海道で事業を展開したりしています。現に、先にご紹介した「ＨＡＴＡＫＥカンパニー」の木村さんも、「北部農園」の上田さんも、県をまたいでいろいろなところで農場を開設しています。もう、農業はボーダレスです。中にはベトナムに農場をもっている人もいます。

まだまだ、「我が村の、我がＪＡは」という話が盛んに交わされていますが、もうそろそろ時代の変わり目だよ、ということです。

いずれにせよ、農地法改正という政策の大転換で、日本の農業は大きく変わり始めました。まさに日本の農業にとっては〝黒船来襲〟です。

江戸時代以前から続いてきた日本の農業は、変わらざるを得なくなったのです。

幕末期、旧徳川幕府は変わり切れず、外国の情報を入れて新しい感覚をもっていた薩摩や長州などの精鋭が新しい政府をつくるしかありませんでした。

それと同様のことが、今、日本の農業界では起きています。

そういう意味で、私は「今、日本の農業はまさに〝幕末農業時代〟を迎えている」と言っているのです。

幕末農業時代に各方面から黒船がやってきた!!

今こそ「農業参入」のチャンスだ

日本の農業は、およそ200万人の農家の人々が、100のマーケットを独占的にシェアしています。しかし、規制緩和で農家以外の人にも農業への門戸が開かれました。

かつて携帯電話といえばドコモしかなかったのに、KDDIがきて、ソフトバンクがきて、今度は楽天がきてと、新規参入者が次々と現れてきたようなもので、農業の世界にも、どんどん新規に参入していける舞台ができたということです。

そうなれば、当然、シェアの奪い合いが起きることになるでしょう。それは価格競争だったり、品質競争だったりしますが、いずれにしても自由競争の世界です。

そこで多くの人は考えるでしょう。

「農業もおもしろそうだけど、私は素人だし、まして『プロの農家からシェアを奪え』なんて言われても無理だよ」と――。

しかし実は、今いる200万人の農業従事者の多くは、積極的にシェアを広げようとは思っていません。むしろ将来を悲観して、撤退しようとさえ考えている状態です。

だからこそ、チャンスなのです。

つまり、今の農業界においては、新規参入者を排除しようとする力がそれほど強くないということです。やる気さえあれば、どんどん参入できる世界が広がっています。

こうした流れは、ますます加速していくでしょう。そして、今でこそ既存の農家が占めるシェアが98％で、新規の農業参入者が占める割合はわずか２％程度ですが、今後は、新規参入者がシェアを伸ばしていく可能性が大きくなっているのです。

私は、そうした現状をふまえて、「今、農業を〝成長産業〟と言わずして何と言うんだ。非常におもしろいマーケットじゃないか！」と思っているわけです。

また、アベノミクスの成長戦略で農業が成長産業に挙げられて以来、「これからの農業」について語られることが多くなっています。

しかし実は、それがどんなものなのかについての定義はありません。

ここまで私は、日本の農業が幕末農業から新農業に変わりつつあると書いてきました。歴史を振り返るなら、今が「幕末」だとすれば、次に起きるのは「明治維新」です。士農工商で成り立っていた封建的な制度がなくなり、四民平等の社会が出現、日本は近代国家へと歩み始めます。さらに「大正デモクラシー」が起こり、「昭和の高度経済成長」を経て、「平成の経済飽和と低成長」へと移ってきました。

農業界においては、そうした変化が遅ればせながらやってきたというわけです。

農業を取り巻く条件も、ガラガラと音を立てて変わっています。のちに、「農業界の平成維新」とでも呼ばれるようになるかもしれません。

政府もバックアップする「攻めの農業」

2006年6月、アベノミクスの第3の矢である「成長戦略」の目玉の一つとして、「農業分野の規制改革」が打ち出されました。

もとはといえば、2006年にシンガポール、ブルネイ、チリ、ニュージーランドの4か国で結ばれた経済連携協定を、さらに拡大しようというTPP（環太平洋パートナーシップに関する包括的及び先進的な協定）を進めるうえで、農産物についても関税自由化を迫られていたのが大きなきっかけでした。

その後、TPPから離脱することを公約の一つとしていたドナルド・トランプ氏がアメリカ大統領となると、公約どおりTPPからの離脱を宣言しましたが、日本はアメリカを除いたカナダ、メキシコ、チリ、ペルー、ベトナム、マレーシア、シンガポール、ブルネイ、オーストラリア、ニュージーランドと「TPP11」を進めています。

これからの国際社会の中で日本が成長していくには、それが必要だということであり、政府も「いろいろな規制によって守られていた農業を強い農業にする。攻めの農業にする」という姿勢を維持しています。

この農業政策の大転換は、日本の農業界にとっては「幕末の富国強兵」と同じようなものだと思います。

もちろん、農業界にはまだまだ尊王攘夷派もいて、「外国からの農作物を無条件に受け入れるなんてとんでもない。来たやつは全部焼き払ってしまえばいい」などと言う人もいます。その一方で、「待て待て、これからは外国の農作物が入ってくるなら、外国のやり方を学んで、外国と共にどうやって協調して生き延びていくかを考えるべきだ」という開国派もいます。

しかし、流れは確実に開国に向かっていますし、日本の農業の将来性を考えても、私はここで頑張って農業の体質を強化して、「大変革期にこそビジネスチャンスがある」と、世界市場を狙っていくべきだと考えています。

ちなみに、この大変革期には、農業界ではさまざまなイノベーションが加速していくでしょう。明治維新後、ガス灯ができて電車が走り始めたように、ＩｏＴ（多種多様な「モノ」がインターネットに接続され、相互に情報をやり取りする技術）や、さらなるＩＣＴ（情報・通信技術）の導入が急激に進んでいくでしょう。

そういう意味では、「明治維新から１５０年を迎えた今、日本の農業にもいよいよ変わり目がくるのかな」と納得したりもしています。

では、農協がなくなるかというと、それはありません。明治維新後にも、ほんとうに近代国家への道を歩き始めるまでの50年間くらいはゴタゴタしていました。

これまで日本の農業の頂点に君臨していた農協が、すぐになくなることはないでしょう。

つまり、農協を中心とした農業と、農協から独立した農業が並立して、切磋琢磨していくことになります。農協も一定の役割を果たしながら、新しい時代に向けて変わっていかなければならないでしょう。それぞれが淡々と、自分たちの道を突き進んでいけばいいのです。

それはさておき、日本の農業はどう変わっていくのでしょうか？

激変する流通の仕組み

まず、生産者から消費者に至る流通ルートが変わります。かつてユニクロが、SPA方式（Specialty store retailer of Private label Apparel）、つまり〝企画から製造、小売までを一貫して行う〟というビジネスモデルによって、アパレル界の流通ルートを劇的に変化させたように、農業界の流通の仕組みが、前述した「平成維新」をきっかけに大きく変わりつつあります。

すでに大手のスーパーマーケットでは、農家に生産を委託して、直接仕入れるという流通ルートが確立していますし、農家といっしょに組んで、より大きなサプライチェーンをつくろうとする動きが活発化しています。

さらに大手のスーパーマーケットの中では、みずから農場をもとうとする動きも始まっています。

ただし、これまで流通しか担ってこなかったスーパーマーケットが、最初から自前の農地をもち、農作物を栽培することなどできません。どうしても、農業のプロである農家とパートナーを組む必要が出てきます。

ところがスーパーマーケットが農家に対して、いくら「いっしょに組みましょう」と言っても、なかなかうまくいかないのです。

スーパーマーケットとパートナーになるためには、生産者はただ生産するだけでなく、伝票、帳簿、データ、物流、プライス決定など、今までは農協まかせにしていた部分も自分でやらなければなりません。それができなければ、スーパーマーケットと対等なビジネスができないからです。

そんなこともあって、多くの農家は及び腰ですし、農協の顔色を窺(うかが)ってこれまでのやり方に固執しています。そのままではジリ貧になるのは目に見えているのに、仲間はずれになることが怖いのです。

そこで必要となってくるのが、生産者と販売者を結ぶ〝サプライヤー〟の存在です。

そもそもサプライヤーとは、製造業などでの部品の製造業者を意味しています。典型は自動車業界です。自動車メーカーは、多くの部品製造業者（サプライヤー）からさまざまな部品を調達して、自動車（完成品）をつくって販売していることは、みなさんもご存じのとおりです。最近では住宅業界でも、東南アジアなどでパーツを製造し、それを輸入して組み立てるようになっています。大工さんが一からつくり上げていく時代ではなくなっているのです。こうした動きは、農業界でも今後どんどん進んでいくでしょう。

しかし農業界にも流通業界にも、このサプライヤーとしての能力をもった先駆的な人や組織が不足しています。そこに大きなチャンスがあります。

前述した事例からもわかるように、上田会長にしろ、木村社長にしろ、村岡社長にしろ、中村社長にしろ、みんな、農業ビジネスを〝サプライヤー〟としての視点でとらえ、実にスピーディーに事業を展開していきました。その結果、またたく間にマーケットを押さえ、物流を確立して、成功を手にしたのです。

つまり今、農業ビジネスで成功している人たちは、まさに時代の先駆者と言っていいでしょう。しかし、話はここで終わりません。さらなる未来像があります。

求められている組織農業＝ユニクロ式農業とトヨタ式農業

農業の未来形として、一つは「ユニクロ方式」が挙げられます。ユニクロ（株式会

社　ファーストリテイリング）は、商品の企画開発から、原材料の調達、製造物流、販売まで、自社が一貫して行うビジネスモデルで成功しました。そのユニクロは、かつて２００２年9月に「株式会社　エフアール・フーズ」という子会社を設立して、「ＳＫＩＰ」というブランド名で野菜などの食料品を販売することを発表しました。しかし、売上げが伸びず、２００４年3月に撤退しています。

ユニクロが失敗した大きな原因は、サプライヤーとなった生産農家が過剰生産や生産不足に対応しきれず、在庫調整がうまくいかなかったことにあるとされています。しかしこれは、時期尚早だっただけのことです。その後、サプライチェーンを築いて農産品を流通させていくという「ユニクロ式農業」で成功を収めている人が次々と登場していることは、第1章で紹介した成功者の例を見ても明らかです。

このユニクロ式農業のあとにやってくるのは、「トヨタ式農業」です。どういうことか説明しましょう。

生産農家がマーケット側と組んでサプライチェーンをつくり上げたとしましょう。次に起きるのは、サプライチェーン同士の競争です。それぞれが、他のサプライチェーンとの差別化を図り、独自性を出そうとします。いわゆる「バリューチェーン」の構築です。

　サプライチェーン同士の競争で大前提となるのは、なんといってもまず価格です。当然、高い値段ではシェアを奪えませんから、いい品物を、他に負けない価格で、しかも安定的に売る必要があります。そのためには、購買物流、オペレーション（製造）、出荷物流、マーケティング・販売、サービス、企業インフラ、人材資源管理、技術開発、調達など、あらゆる部分の効率化を図る必要があります。その積上げがあってこそ、〝バリューチェーン〟が実現することになります。

　さて、その中で農業分野のサプライヤーたる生産農家は、マーケット側との契約で決められた値段で、決められた日時に、決められた数量を出荷することが求められます。さらに自分の農場でつくっている農作物の生産履歴を出すとか、安心安全であることを証明する農業版ＩＳＯ（国際規格）であるグローバルギャップ（Global GAP）などの第三者認証を取得することも求められるでしょう。これはまさに、製造業が手順書、マニュアルなどに沿って、誰もが同じやり方で均一な製品をつくるために導入している仕組みと同じです。また、事前に必要な分を提示してもらい、それにもとづいて生産を行います。つまり、〝必要なものを、必要なときに、必要なだけ、安定的に供給する〟というトヨタの「かんばん方式」と同じ発想です。

一方、生産農家が利益を上げていくには、生産効率を高めていくことが必須となります。たとえば、マーケット側が大根を１００円で売ると決めた場合、生産者は80円以内で出荷することを要求されます。その卸値である80円の中から利益を出すには、無駄をなくし、効率的に生産するしかありません。また当然のことながら、出荷量を1万本、10万本、１００万本と拡大していかなければ、ビジネスとして成立しませんから、常に〝改善〟と〝拡大〟を重ねていかなければなりません。

そして生産量を拡大するには、さらに農地を確保し、従業員を雇わなければなりません。つまり〝個人プレーの世界〟だった農業界で、〝組織農業＝トヨタ式農業〟が求められるようになるということです。

ところが残念なことに、これまで農業に携わってきた人々の多くは一匹狼で、組織の中で動いたことがありません。そのため、トヨタ式農業になかなかなじめず苦労しているのが現状です。

逆に成功しているのが、農業以外の世界から飛び込んできた新規の農業参入者たちです。言葉を換えるなら、彼らは、組織の中で育っていますから、組織しかつくれません。個人で行う農業なんてできませんから、どうすれば組織で農業ができるかを考えます。それが彼らの強みです。

たとえば、組織のルールを決めたり、「視える化」や「5S活動」（整理・整頓・清掃・清潔・躾の頭文字をとった言葉で、職場の改善活動を意味する）、あるいは「PDCAサイクル」（生産管理や品質管理などの管理業務を円滑に進める手法）を取り入れたりすることに抵抗がありませんし、積極的に取り組みます。それが、彼らの成功へとつながっているのです。

「それにしたって、農業全体の経済規

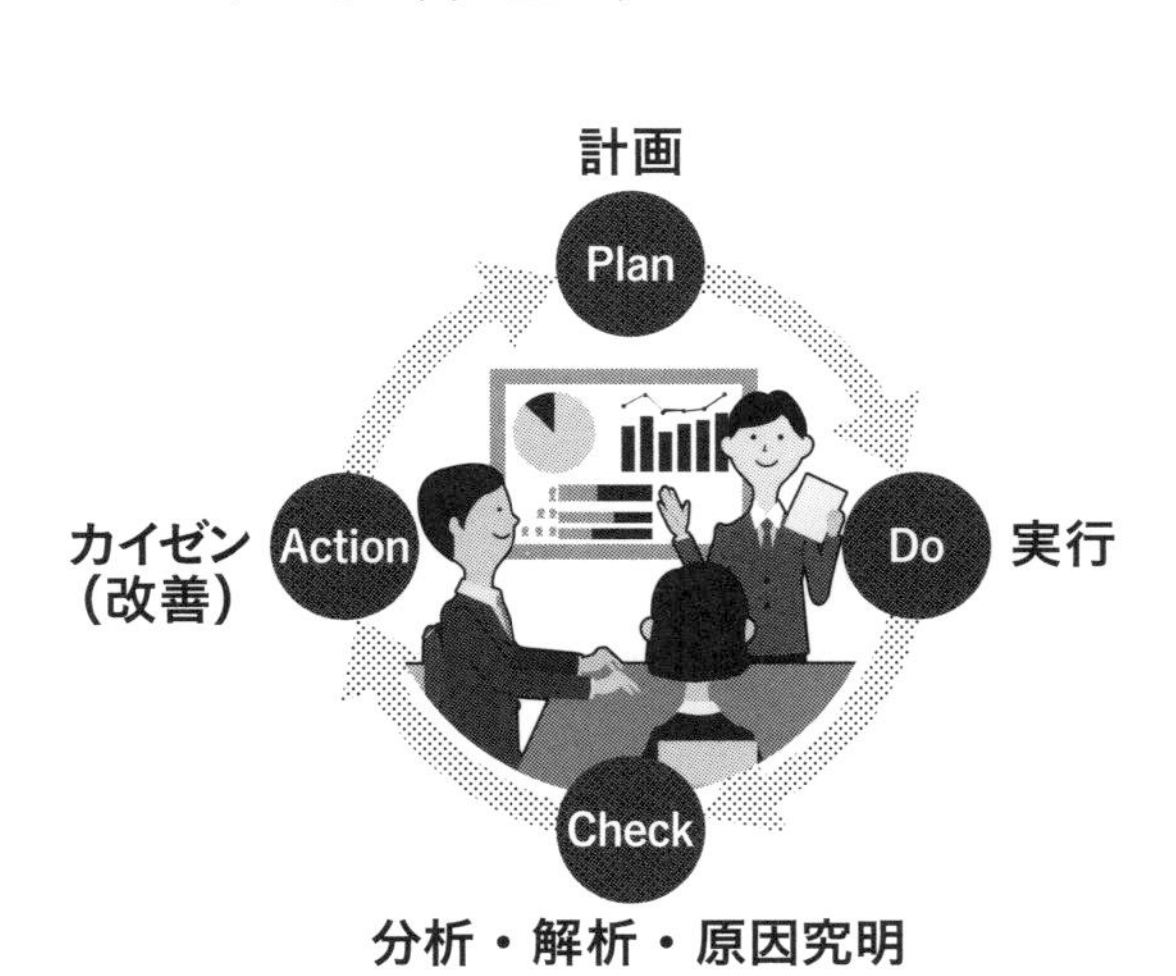

成功する新規農業者のPDCAサイクル

模が縮小していく中で、利益を上げていくのはたいへんじゃないか」と思われるかもしれません。確かにそういう一面はあります。しかし、だからこそチャンスでもあるのです。ここで、農業の歴史をもう一度振り返ってみましょう。

実は農家の収入はそれほど低くない！

１９６０年代の日本の農業就業人口はおよそ１２００万人でした。その当時の人口は１億人ほどでしたから、12％くらいが農家だったわけです。その時期の農家の産出額は約１兆９０００億円でした。

それから半世紀が経った２０１０年になると、農業就業人口は一気に減少して約２００万人となり、現在（２０１８年）は約１８２万人になっています。また今後はさらに減少が進み、２０２５年には80万人から50万人くらいになるだろうと言われています。

一方、農業産出額を見ると、１９６０年代の約１兆９０００億円は、高度経済成長の波に乗って８～９兆円にまで伸びました。いちばん産出額が多かったのは１９８４

年の11兆7000億円で、これが今は9兆2000億円ほどにまで落ち込んでいます。落込みの主要因は、米の値段が下がると同時に、日本人の食生活の変化でお米が売れなくなったからですが、今はそのレベルで安定しています。

さて、現在の農業産出額9兆円を前述の農業人口182万人で割ると、1人あたりの売上げは約165万円にしかなりません。そのうち肥料代などを差し引いた純粋の所得が30％とすると、50万円弱です。

「なんだ、農業は儲かる儲かるって言うけど、1年間にたった50万円しか所得がないじゃないか。やっぱり農業は儲からないじゃないか」と言われそうですが、ここで改めて言いたいのは、「今の日本の農業界には、めちゃめちゃ儲かっている人と、めちゃめちゃ儲かっていない人がいる」ということです。

実は、農家には、商品生産を主たる目的とする販売農家（経営耕地面積30アール以上、50万円以上）と、自分たちで食べるものをつくることを主目的とする自給的農家（30アール未満、または農産物販売額50万円未満）の2つがあります。2016年の段階で、販売農家は126万戸、自給的農家は90万戸でした。

そのうち販売農家を見ると、主業農家（農業所得が主〔農家所得の50％以上が農業所得）で、1年間に60日以上自営農業に従事している65歳未満の世帯員がいる農家）の年間総所得は788万円（うち農業取得は649万円）でした。つまり、きちんと仕事として農業をしている農家の収入は、それほど低くはないのです。

さらに「日本農業法人協会」が2015年に行った調査によると、日本の農業法人の年間平均売上高は約3億565万円だったと言います。つまり日本の農業は、儲かっているところとそうでないところに二極化している、ということです。

しかし、儲かっている部分は基本的に話題になりません。マスコミも積極的に取り上げません。なぜなら、取り上げたっておもしろくないからです。また、農家さんも「私は儲かってますよ」と積極的にはアピールしません。そんなことをしても、何の得にもなりませんからね。

余談ですが、私は、だいたい年収1000万円くらいの農家さんと付き合うことが多いのですが、その人たちに言っているのは、「見せつけ農家になってください」ということです。「みんなが憧れるようないい車に乗って、いい服を着て、いい家に住んで、農業でうまくいっていることをどんどんアピールしてください」と――。

そうすれば、みんなが農業に目を向けてくれる。子供のなりたい職業ランキングに

「農業」が入る日がくるかもしれない。だいたい、子供がなりたい職業ランキングに「ユーチューバー」なんかが入っているのに、農業が入ってこないのが悔しいんですよ！　子供たちがなりたい職業ランキングのベスト3とは言いませんが、せめてベスト10には入ったらいいな、と思っています。

第2章

我は農業界のジョン万次郎なり

農家の跡取り息子

私は、1969年に、野菜農家の3代目として熊本県益城町で生まれました。上の2人が姉でしたから、長男の私が跡を継ぐのが当然の路線で、親からも「お願いだから勉強しないでくれ」と言われるような環境の中で育ちました。信じられないかもしれませんが、勉強して頭が良くなって大学にでも進学されたら「農家の跡取りになんてなってくれない」と、そんなふうに思っていたのでしょう。

現に私の周りにも、男兄弟が2人いる場合は、勉強ができるほうは大学へ行って就職し、勉強が苦手なほうが跡取りになるという暗黙の了解みたいなのがあって、男兄弟がいる農家の息子は必死に勉強していました（笑）。もう30年以上も前のことですが、当時の熊本の田舎ではそれがふつうだったと思います。

もちろん、私が「大学に進学したい」と言ったときも当然のように反対されました。「世間を見たら、よそが華やかに見えるからダメだ」と言うのです。親も農業を継がせようと必死だったんですね。それで結局、「農業大学に行って、卒業したら家を継ぐから」という条件で、「熊本県立農業大学校」に進学することになりました。

農大の学生時代も「日本の農業はなんだかヘンだ」とは思っていましたし、「職業選択の自由はどこに行ったんだ」なんて不満も感じていましたが、当時はそれに反発する力量もエネルギーもなくて、卒業すると、モヤモヤした気持ちをいだいたまま、惰性で農業の世界に入ることになりました。

そんな気持ちで農業をやってもうまくいくはずがありません。今でこそ、儲かる農業の話をしていますが、その当時の私はまさに、〃きつい、汚い、危険〃の、全然儲からない３Ｋ農業をやっていたのです。

そんな私のところに、ラッキーなことに、お父さんは公務員、お母さんは専業主婦という、いわゆる一般サラリーマン家庭で育った女性が嫁に来てくれました。私が27歳のときのことです。

実はそれまで「あなたは農家だから」という理由で、私は2回結婚に反対されていました。私のふがいないところを相手の親に見抜かれたのがいちばんの理由だったと思いますが、断られた理由は「農業イコール共働きだ。うちの娘にそんな思いをさせるのは不憫（ふびん）だ」というものでした。そういう時代だったんです。

でも、当時の私にしてみれば屈辱でした。

「やりたくて農業をやっているわけじゃないのに！　仕事の選択の自由を奪われて、大学の選択の自由が奪われて、結婚の自由も、かよっ！」と悶々としていましたし、やる気もなければ、目標も見つけられず、私自身が「どうせ農業なんて」と農業をさげすみ、親にも農業をやっていることを軽蔑するような言葉を平気で吐く始末でした。

そんな私のところに、ＯＬをしていた彼女が、農業に対してなんの先入観もないまま、嫁に来てくれたのです。

家庭をもったことで私は少しやる気になりました。しかし、農業の世界で目標をもって何かをやるというのは、けっこう難しいことでした。

付き合う相手といえば、みんな年齢の近い横並びの仲間ばかりです。じゃあ、横並びの中から抜きん出るためにはどうすればいいのかと考えても、具体的な目標になるのは、せいぜい地元の消防団とかＰＴＡなどの役職に就くことくらいで、それ以上となると、町議会議員とか県議会議員になるしかない……。だから、政治家になろうかとか、農協の組合長になろうかなどと夢見ていたこともありました。

そうこうしているうちに子供ができました。そこで私は「なんとか儲かる農業をしなくては」と思うようになり、27歳のときに農業経営を始めました。しかし、あっさり失敗してしまいます。原因は、経営に対する甘さでした。

そもそも私自身が農業を甘く見ており、「経営なんて、簡単だ」と高を括っていたのです。

野菜づくりそのものは、親元で6年間修業していたのでなんとかなったのですが、当時は農協への出荷や地方卸売市場への出荷が主で、卸値や売上げはすべて出たとこ勝負でした。どんなに一生懸命仕事をしたところで、市場の相場が下がれば、私の野菜も安くしか買ってもらえません。

これは努力すればどうにかなるというものではなく、がむしゃらに働いてもまったくお金が残らず、途方に暮れる毎日でした。

生産品には自信がありました。なぜなら、寝る間を惜しんで農場にこもって、「もっといいものを、もっといいものを」と、ひたすら〝いいものづくり〟に励んでいたからです。

しかし、そんな苦労も報われることがないまま、ついに32歳のとき、ドン底を迎えることになります。

「農業経営」成功と挫折

いよいよ現金が底をつく。明日からどうやって暮らしていこう。目の前が真っ暗で、まさに首が回らない。それを、私は身をもって体験しました。

自分の何がダメなんだろう？

ちょうどその頃、読んだ本に「うまくいっていないときは、何かを変えてみる」と書いてありました。

やり方を変えるか……。そう思った私は、2002年、33歳のときにやり方を切り替えました。それまでは自分の都合だけで野菜をつくっていたのをやめて、お客様の都合に合わせた野菜づくりを始めたのです。これって、当時としては実に珍しいことでした。

私はその時期、ある方から「ほうれん草をつくってくれないか？」と打診されていました。当時はナスをつくっていたのですが、その方はお付き合いの長い方で、とても困っておられたのです。定期的にほうれん草が必要なのだけれど、どの農家さんに頼んでもつくってくれないらしく、私のところに相談にこられたのです。

私はそれまで、スイカやナスはつくったことがありましたが、ほうれん草をつくったことはなく、近所でもつくっている人は誰もいませんでした。

それでも、頼まれたからにはなんとかしてあげようと思い、農大時代の教科書を引っ張り出してきて、ほうれん草の栽培の仕方を勉強し、見よう見まねで始めました。

ところが、そのほうれん草が

寝る間を惜しんで野菜づくりに取り組んでいた頃の私

大ヒット！

決して特別なほうれん草ではなかったのですが、ちょうどその頃、マーケット側も計画的な仕入れ、安定的な仕入れを重視し始めていたんです。

定額、定量、定数、定時、定質が求められ始めていました。定数、定量を生産して納品すれば、定額を安定的に支払ってもらえる。おまけに品質も安定してさえいれば、特別なことは求められない。

これまで365日、もっとよいものをつくろうと躍起になっていたときとはまるで違う、自己満足で努力していたあの頃とはまったく違う、「お客様の求めること」に対応する農業です。

そのとき、「新・農業」が私の中で生まれました。それにより、あっという間にどん底からV字回復を果たします。そのとき私は、当然のことながら、会社をもっと大きくしてやろうと思いました。

ところが事業が上向きになった頃、悲劇は突然やってきます。妻から「実家に帰らせていただきます」と言われたのです。

そのときの私は、ちょっと儲かったものですから天狗になっていました。個人の農業といっても、内助の功だったり、親の協力があったりして成り立っていたのに、それに気づいていなかったのです。

突きつけられた三行半

妻には月60万円の給料を出していました。30代半ばのふつうのサラリーマンよりいい給料です。これなら文句はないだろうと思っていました。

しかし彼女は、私のそういうところがおもしろくなかったのです。なぜかというと、苦しかった時代のことをしっかり覚えていたからです。

台風がきていっぺんでお金がなくなったこともありましたし、野菜の値段が暴落して数か月間、給料がないこともありました。つまり、農業に乱高下があるのも見てきていました。

だから、「調子に乗ったあなたから、給料を60万円にするだの、100万円にするだの言われても、楽しくもなんともない。どうせ、山があるっていうことは谷があるんでしょ」というわけです。

妻からは、「なんで農家はこぎゃんあっとね（どうして農家はこうなの）」と、事あるごとにクエスチョンをぶつけられました。私にとってはキラーコンテンツでした。

もし、彼女が農家の出身だったら、そんなことは言わなかったかもしれません。農家にとってはそんな苦労は当たり前ですし、親の苦労を見て育ちますから我慢できます。でも彼女はサラリーマン家庭で育ち、農家の苦労なんてなんにも知らず嫁に来たのです。「なんでお金がないの？」「なんでこんなにきついの？」と、自分の気持ちをストレートに口にします。その言葉がグサグサと私の心に突き刺さりました。

そのとき私は、自分自身が農業をバカにしていたくせに、妻から農業の悪口を言われると腹が立って「おまえはなんもわからんくせに！」と声を荒げてしまいました。そんな私を見限って、彼女はほんとうに実家に帰ってしまったのです。

とはいえ、そのとき私は、「どう考えても彼女の言っていることが正論だ」と思えました。そして、「もう農業に関しては、酸いも甘いも経験した。農業以外の仕事をしよう」と思ったのです。

あのときそう思い切れたのは、儲かっていたからかもしれません。

もし儲かっていなければ、あいつは儲からないまま家業を潰したと、孫の代まで言われる。しっぽを巻いて逃げるようなことはしたくない。それなら、いちばん儲かっているときに辞めてやれ……そう思ったのです。

家業農業を閉じた私は、ハローワークに行き始めました。そうしたら妻は納得して、帰ってきてくれました。女性は儲かることよりも、安定したお給料を求めるということなのかもしれません。

ところが、ホッとしたのもつかの間のことでした。なかなか働き口が見つからなかったのです。

帰ってきてくれた女房と！

ベンチャー企業に就職

私は37歳頃でしたから、まだまだ若いし、就職口なんていくらでもあると思っていました。

「自分で言うのもなんだけど、コミュニケーション能力もまああるし、農業経営をやっていたわけですから体力もあります。まぁ一通りのことはやれますよ。ちゃんと新聞も読んでるし、本も読んでるし、それなりに社会人としてのスキルはあるつもりなんです」

ハローワークの担当者にそう自己PRして、履歴書も出しました。ところが面接の話すらこないのです。

「ちゃんと履歴書も出しているのに、なぜだろう」と思って聞いてみたら、「山下さん、履歴書の職業欄に農業以外、何か書けませんか?」という返事です。

そんなこと言われても、農業以外やっていないのですから、嘘を書くわけにはいきません。それと同時に、「なるほど、世の中の人は、農業のことや農家のことをなんにも知らないんだな」と思いました。

農業経営者は、申しわけないけれど、そんじょそこらのサラリーマンよりもスキルをもっています。

自分で生産して、パートさんを管理して、経理をやって、財務をやって、営業もこなします。1人で8役9役くらいは兼務していますから、計画性があって実行力があって、ものすごくスキルは高いのです。

しかし面接すらしてもらえないのですから、それを訴えるチャンスがありません。

私の農業コンプレックスは、ますますひどくなっていきました。

そんなある日、あるベンチャー企業が農業事業部を開設するという話を聞き、面接くらいはしてくれるだろうと思って訪ねていきました。うちの2、3軒隣という、すぐ近所の「株式会社　果実堂」という会社でした。

それまでの私は、農家の息子で尊王攘夷派でしたから、「農業の素人しかいない会社が農業に手出しをするなんてけしからん。焼き討ちにすべきだ！」などと思っていました。

しかし、家族の生活がかかっていますから、背に腹は代えられません。話だけでも聞こうと思って訪ねたのです。

ところが、当時の面接官にどんなにプレゼンテーションをしても、「君はダメだ。農家は要らない」の一点張りで、こともあろうに断られたんです。

あとからわかったことですが、会社としては、「これまで農業をやってきた人は、基本的に自分の枠の中で個人プレーをするのが習い性となっているから、組織の一員としてはふさわしくない。会社として農業をするのだから、農業の経験などより、学歴やビジネスマンとしてのキャリアのほうが大切だ」と考えていたようです。

かといって、私のほうも簡単には引き下がれません。

「いや、これから農業をされるんでしょ。農業するのに、なんで農業経験者が要らないんですか」「もうどこにも行くあてがないから、なんとかお願いしますよ」と食い下がり、我が家の農地を提供するという条件まで付けて、なんとかドラフト4位で入れてもらうことができました。２００８年のことです。

入ってみて驚きました。そのベンチャー企業がめざしていたのは、徹底したデータ管理のもとで、農産物も食品として取り扱うというものでした。セキュリティからトレーサビリティ（生産・流通履歴）などに至るまで、すべてにおいてＩＳＯ（国際基準）が取れるのではないかというくらいのレベルをめざしていました。

その会社で、私は農業事業部の立ち上げに携わることになりました。最初はたいへんでした。地元の農家や自治体は、かつての自分がそうだったように、「会社が農業なんて」という人ばかりで、ずいぶんバッシングも受けました。まだ農地法が改定される前でしたので、少し時代が早すぎたと言ってもいいでしょう。

しかし、農地や人材をなんとか確保して、２００９年には農業生産法人「株式会社果実堂ファーム」というかたちで〝企業農業〟のパターンもつくり上げ、代表取締役に就任し、その後、人づくり、仕組みづくりと同時に、後進を育てることに夢中になっていきました。

今では時代も変わり、企業農業に対する理解も少しずつ広がり、同社は三井物産、トヨタ、カゴメ、富士通などが出資するような、まったく新しいテクノロジーサイエンス&アグリファクトリーの農業食品会社として、農業界のリーディングカンパニーになっています。しかし、私はその会社を辞め、独立することを決意したのです。

農家のボンボンからの脱皮

私が、果実堂を辞めたのは２０１２年3月のことです。テクノロジー関連も一通りは勉強しましたが、しょせん私はただの農家です。さらに飛躍しようとする企業の成長に、これ以上は付いていけないと気がついたからです。

しかし、果実堂での経験が、私の〝新農業〟への扉を開いてくれました。果実堂に入るまで、パソコンも使えないし、メールもできませんでした。農家でしたから、もちろん出張に行ったことはないし、ひとりで飛行機に乗ったこともありませんでした。

そんな私が、ベンチャー企業のオーナーといっしょに全国を回らせてもらい、多くの経営者や先進的な農業者とも出会う経験をさせてもらいました。それは大きな財産です。

そもそも農業に対する先入観をもたないベンチャー企業がめざす新農業は、とんでもないものでした。幕末農業しか経験していなかった私は、始めた頃は、それが世の中に受け入れられるかどうかも半信半疑でしたし、時にはなぜそんなことをするのか理解できないこともありました。

また、ベンチャー企業はとにかくやることが早いのです。ふつうなら1年かけるところを3か月でやることを求められます。1年365日ほぼ休み無し、というくらい仕事に没頭していました。

そのかわり、事業の売上げは年1億円ずつ伸びていって、5年間で5億円の売上げを達成し、現在では会社全体として10億円以上を売り上げるまでに成長しています。

加えてNHKも取材にくるなど、徐々に会社による農業がクローズアップされるようになっていましたし、商社やメーカーの大手が果実堂に投資するということは、時代が新農業へ向かっている証であるとも感じていました。

そんな中で、自分にできることは何だろうと考えた結果、私は、農業参入に必要な「人づくり、仕組みづくり」に本格的に取り組み、これを自分の新たなビジネスにしようと思ったのです。

そして私は、新農業に挑戦する人たちをサポートするためのコンサルタント会社「株式会社　農テラス」を設立しました。2012年5月のことでした。

言うまでなく、農業参入専門のコンサルタント会社なんて、全国初のことでした。

それにしても、果実堂で企業農業に携わった5年間は、ほんとうに内容のある5年間でした。その経験の蓄積が、今の私の原動力となっているのです。

そういう意味では、農家のボンボンにすぎなかった私は、果実堂で〝半分農家で半分ビジネスマンの人造人間〟に改造されたのかもしれません。

ジョン万次郎からひと言

私はときどき、「自分はまるでジョン万次郎のようだ」と思ったりします。

1827年（文政10年）に土佐国幡多郡中ノ浜村（現在の高知県土佐清水市中浜）の貧しい漁師の家に生まれた万次郎は、1841年（天保12年）1月27日に鯵鯖（あじさば）漁に出航したものの、突然の大風で船が漂流してしまいます。そして、流れ着いた鳥島で仲間4人と、わずかな溜水と海藻や海鳥を口にして生き延びていたところを、アメリカの捕鯨船ジョン・ハウランド号によって救助され、アメリカへと渡りました。その後、さまざまな苦労を重ねた万次郎が故郷に戻ったのは1852年（嘉永5年）のことでしたが、翌年には江戸幕府に招聘（しょうへい）され、直参（じきさん）の旗本として活躍することになります。黒船来航への対応を迫られた江戸幕府にとって、万次郎がアメリカで得た知識は貴重なものだったのです。

そのジョン万次郎ほどではありませんが、幕末農業の世界に生きていた私も、漂流したあげくベンチャー企業に流れ着いて、新しい農業の在り方を見せてもらいました。それは、私にとって大きな財産でした。

そして今、私は個人、法人、行政、農協など、実にいろいろなところに呼ばれています。そこで私は、自分自身が農業をしていたときのことや、ベンチャー企業でしていたことなどをふまえて、今、日本の農業界の最先端で起きていることをお話しして、「これからの農業はどうなるんですか？」という疑問に答えています。

それは、江戸幕府がジョン万次郎を呼んで、「アメリカ人は鼻が高いとか、靴を脱がないというが、ほんとうか？」と聞いているようなものです。

私がお話しすることは、実は先駆的に農業に取り組んでいる方々にとっては当たり前のことばかりです。とっくに実践されているのです。

しかし、まだまだそうした現実を知らない人が多くて、私がいろいろお話ししても、

「ほんとうか？」となかなか信じてもらえません。

私は、「今、日本の農業がどれほどものすごい勢いで変わろうとしているのか」を伝えたいと思っています。それを、本書でどれだけ伝えられるかだと思います。

別に、みんながみんな「種蒔く農業」をする必要はないのです。日本の農業界にはまだまだ開拓されていないところがあって、その中でイノベーションが起きようとしています。そこにチャンスがあるのだと、気づいてもらえればいいのです。

もちろん、生産するプレーヤーになってもいいし、流通・物流のプレーヤーになってもいいし、サプライヤーになってもいい。とにかく、農業の世界にこそフロンティアが広がっているということです。

そこで、次の章から、どのようにこの「新農業界」に参入していけばいいかについて、説明していくことにしましょう。

第3章

農業会社に勤めて
ガッチリ
起業準備をする

農業で思い切り自分の人生を描こう

「農業の魅力は何ですか？」という話になると、「そうですね、収穫する喜びですね」などという答えになりがちです。もちろん収穫の喜びはあります。しかし私は、それ以上に「農業の魅力は自分の人生を描けることにある」と言いたいのです。

そもそも人は、なかなか自分の思ったような生き方ができません。たとえば組織（会社）に属していれば、組織の枠の中で生きることになります。「プロジェクトをまかせるから自由にやっていい」と言われても、それはあくまで組織の中での話であり、決められた枠の中で自由に絵を描いていいよ」ということにすぎません。

では、個人でやっている農業従事者が自分の人生を自由にできているのかと言えば、それもまた違います。台風、水害、冷害など、自分にはどうすることもできない自然現象に悩まされますし、害虫、病気などのさまざまなトラブルもあって、自分の思い通りにはいかないことが少なくありません。

しかし農業の場合は、「あれが欲しい。これが欲しい」というお客さんの要望はある程度考慮する必要がありますが、農場をキャンバスにして、いつどこに何の種を蒔くかは自由です。さらに、そうすることによっていくらの収入になって、そのお金で自分がどうやって生活していくかという、一連の生活や人生の流れを、全部自分で設計することになります。それはそれでたいへんなことですが、すべてを自分で決められるわけですから、自分の人生を生きている感じがします。

もっと言うと、新規で農業を始めるとするならば、どこで始めてもいいのです。自分の出身地でなくても一向にかまいません。実際、東京から沖縄に行って農業をしている人や、北海道で営農している人も少なからずいます。

そういう意味では、農業で生きるということは、日本地図を前にして自分の人生を描くことだ、と言ってもいいのかもしれません。

ただし、始めてすぐに結果が出るものではありません。資本のある企業なら5年くらいで結果を出せるかもしれませんが、個人で始めるとなると、10年は覚悟したほうがいいでしょう。

農業でスローライフを楽しもうというのなら別ですが、農業でちゃんとした経済基盤を築き、社会の役に立とうとするなら、それなりの覚悟と計画が必要だということです。

「10年もかかるんじゃ、たいへんだ」と尻込みする人もいるでしょう。しかし、今就いている仕事が10年先にどうなっているか、読めますか？

あるいは転職を考える人は、転職しようと思っている業界の10年先が読めますか？ほんとうに将来性のある仕事かどうか、判断するのは難しいでしょう。

その点、農業は衣食住の中でも食に関わる基幹産業です。

今、盛んに「2045年問題」が話題になっています。2045年にはＡＩ（人工知能）が人間の知能を超える「シンギュラリティ（技術的特異点）」が起き、人間の仕事の多くが奪われるというのです。

確かにその頃には、オフィス仕事のほとんどはＡＩに取って代わられているかもしれません。しかし、ＡＩに農業をすることはできません。機械化・省力化が進んで仕事自体は楽になるかもしれませんが、需要に合わせて、何をどうつくるかを決め、さらにそれにどう付加価値を付けていくかを考え決定するという作業は、人間がするしかありません。いのちを育む農業という仕事においては、間違いなく人間が主人公であり続けるはずです。

そういう意味でも、10年後を見通して絵に描くとしたら、農業こそもっとも広々としたキャンバスだと言えるでしょう。

まして、ここまで書いてきたように、まさに規制緩和で自由化が始まったばかりの世界です。スタートラインが同じならは、少しでも早く挑戦したほうが勝者となる確率が高いことは言うまでもありません。

だからといって、農業は気楽にできる簡単な仕事ではありません。ほんとうのことを言うと、農業は難しいゲームです。だからこそみんなに「来てくれ」と言っているのです。簡単だったらみんなの力は要りません。頭がいい人しかできないからこそ、時代の先端を走れる人たちに来てほしいのです。

農業は簡単じゃない。簡単じゃないからおもしろい。そこにたどり着ければ、絶対に人生の醍醐味を味わえます。

とはいえ、まったく経験のない人がいきなり農業の世界に飛び込むのは難しいでしょう。そこで私は、まず農業会社に就職することをおすすめします。

農業会社はスタートに最適

ここまで説明してきたように、今、日本の農業は、個人経営の農業から、組織でやる農業へと大きく変貌しようとしています。また、自然に合わせていた農業から、人の都合に合わせた農業へと置き換わりつつあります。

この流れは、まさにガリレオの登場によって天動説が否定され、地動説が出てきたときに匹敵するほどの大変化だと言えるでしょう。

それでは今、そうした新しい農業を展開している農業会社（農業法人）が、全国にどれくらい存在しているのでしょうか？

日本の農家数は、２０１７年段階で約１２０万戸となっています。１９９７年には約２５７万戸でしたから、まさに半減しているのですが、いわゆる農業法人の数は２００５年の８７００社から、２０１６年の2万８００社まで急増しています。

わずか2万８００、されど2万８００です。

政府は、「農業経営向上支援事業」で、その2万８００社を２０２５年までに5万

・日本の農家数の推移　（農業構造動態調査より）

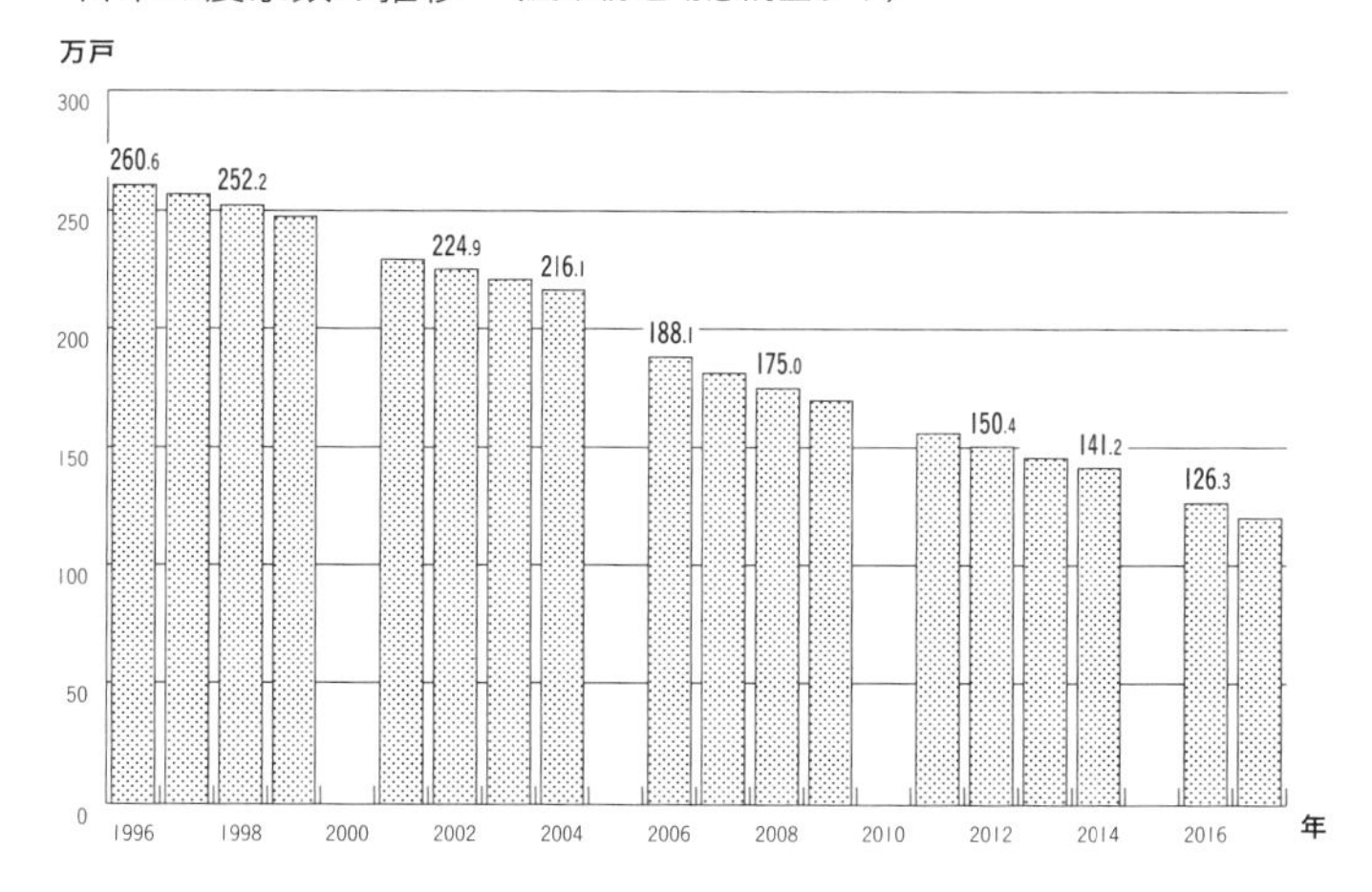

・法人経営体数の推移　（農林業センサスおよび農林水産省データより）

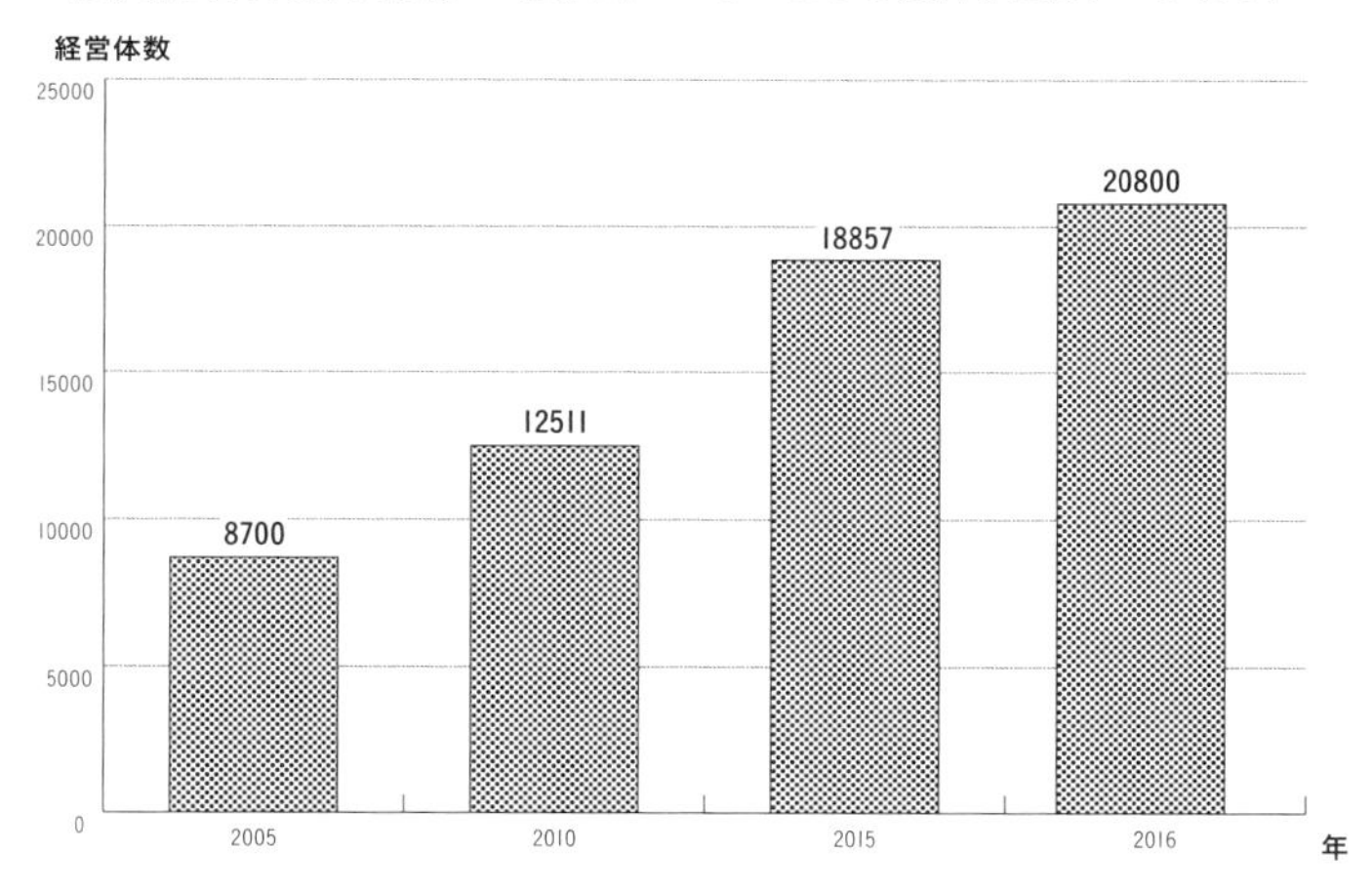

社にまで増やすという目標を掲げています。

つまり国策として、組織型農業、法人化農業、つまり農業の組織化、会社化を推し進めようとしているのです。

さて、そこで何が起きるかというと、農業会社による大量の求人発生です。

そのときが、「そうか、農業は今までと違うんだな。自分も得意分野を活かして農業界に挑戦してみよう」と思う人の出番です。

しかしさすがに、いきなり農地を買い、トラクターを買って農業を始めるのは難しいでしょう。そこで私がおすすめしているのが、まずは農業会社に就職して、ある程度の経験を積むという道です。

多くの人は、農業というと、筋肉ムキムキのガテン系の人を求めているのだろうと思いがちですが、まったく違います。まして、自分は作物をじっくり育てて、スローフードでオーガニックな暮らしがしたいんだ、という人は論外です。

農業会社が求めているのは〝チームプレーができる人〟です。

いっしょにビジネスとしての農業をめざし、マーケットのシェアを取りに行こう。そのためにどういう戦略が必要かを考えよう。いついつまでに目標を達成しよう。そのために会議をして、自分の役割が何かを明確にしよう……。

そんなふうに、会社のプロジェクトの中で、相談し合い、報告し合っていける人が必要とされています。

また今、農業会社が求めている人材は、たとえば経理の能力の高い人、ＩＴに詳しい人、交渉力のある人、人をまとめる力のある人、企画能力のある人など、実に多岐にわたります。つまり、農業に詳しい人ではなく、さまざまな業界でいろいろな分野で働いている人たちに、その能力をそのままもってきてほしいと思っているのです。

だから農業会社では、自分は農業なんてまったくやったことがないという人でも、自分の会社に欠けている部分をまかせられる人ならどんどん採用しようとしています。

先駆的な農業会社の探し方

では、多くのことが学べる先駆的な農業会社は、いったいどうやって見つければいいのでしょうか。

ハローワークに行って探すのもいいでしょうが、多くの人はインターネットで探すことから始めるでしょう。

そのとき、ＳＮＳで積極的に情報を発信しているかどうかがポイントです。

なぜならそんな農業会社は多くの人に自分の会社をアピールして、それに賛同してくれる人に来てほしいという意図をもっているからです。そんな会社に、まずはアクセスしてみるべきです。

当然のことながら、最初は「農業をやったことがないくせに」と門前払いされるのではないかと不安でしょう。しかし逆なんです。

ＳＮＳで積極的に情報発信している会社の多くは、「すいません。農業のノの字も知らないんですけど、私なんかで役に立つことがあればいっしょにやらせてもらえませんか」という人をこそ待っています。

「今、日本に約2万社の農業会社がある」と前述しましたが、そのうちまったく新規に農業に参入した会社はおよそ２６００社です。実は、残りの1万２００社はもともと農業をしていた人たちが起業した会社です。

ということは、この本を読んだ人が農業会社の面接を受けるとしたら、できれば、新規で農業に参入した会社の中から、特に成長している会社を選択すべきだということです。

そんな会社の面接に行って、いちばんやってはいけないのが、農業を熱く語ることです。

農業会社のホームページを開くと、「農業をいっしょにやろうぜ！」「君もいっしょに雄大な大地で農業をしないか？」などというキーワードにあふれています。しかし、それに騙されてはいけません。新規で農業に参入して成長している農業会社の本心は、「いっしょにビジネスをやろうぜ！」なんです。でも、「そんなことをSNSで出すのはちょっと恥ずかしい」とか、「憚（はばか）られるな」と思って出していないだけ！

そもそも農業会社を立ち上げた時点で、もうビジネスの世界での戦いは始まっています。それなのに、面接で「私の農業の夢は……」なんて語られても困るだけです。

ほんとうは、「いやいや、それよりもなんぼ儲かるんですか？」「どんなことをしたらシェアでナンバーワン取れるんですか？」と聞くような人材を求めているのです。

だから、本気で農業会社に就職したいと思う人は、面接に臨んではこう言うべきです。

「自分は、以前の会社でこれだけ頑張ってきましたが、農業の未来に可能性を感じて、ビジネスとして農業をしたいから御社に応募したのです」

「農業のノの字も知りません、だけどビジネスをやりたいんです」と──。

そうすれば、農業会社の社長はグッときて、「よくぞ言ってくれた。そういう人材を待っていた」と言うはずです。

実際、私がコンサルタントとして農業会社の人と付き合っていても、百発百中、それが本音です。そして「山下さん、どうやってそういう人たちをゲットしたらいいんですか」と聞かれたら、「お金の話をしなさい」とアドバイスしています。

たとえば今、商社で年収1200万円を得ている人が欲しければ、「うちで1500万円ゲットしないか?」と言いなさいと――。

すると「さすがに最初から1500万円を約束することはできないよ」という言葉が返ってきます。そこで私は、さらに「こう言ってはどうか」とアドバイスします。

「君が1500万円欲しいのなら、私が農業経営者として、トラクター、農場、スタッフを準備する。あとは君がロジックを組み立てて、1500万円の年収を得るための仕組みをつくってくれ。環境は俺が整えるから、挑戦してみないか」と――。

そうすれば、本気で農業ビジネスをやろうと思っている人なら、たとえば1個100円のリンゴを120円で売って、そこから経費と20円の会社の利益を引いて、さらに自分の年収１５００万円を確保するには、何個リンゴを売ればいいかを考えるはずです。

農業会社は、そんな人材を必要としているのです。私が、「農業会社に就職するとき、農業に対する思いを語ってはならない」と言っているのは、そういうことです。

「でも、それって、やっていることこそ違えど、会社員として会社に使われるという点では同じじゃないか！」と言う人もいるでしょう。

確かにそうかもしれません。しかし、その中で成果を出せば、出世するのも昇給が早いのも事実ですし、さらにはノウハウを身につけて独立するという道も見えてきます。

農業会社でノウハウを学んでステップアップせよ

農業ビジネスには確かに夢がありますが、行っていること自体は、実はものすごく地味で、徹底したルーティンワークの積み重ねです。

たとえば、キャベツ１トンを１００万円で商社に出荷するとしましょう。それをコンスタントに続けていける体制を整えなければ、ビジネスとして成立しません。

キャベツは収穫する120日前に種を蒔かなければなりませんから、これを栽培し、収穫して出荷するというルーティンワークが延々と続くということです。そのルーティンワークをいかに効率化し、いかにアウトソーシングしていくかで、成功するか否かが決まります。

まったく農業経験のない人が、そのノウハウを学ぶためには、やはり農業会社に就職して経験を積むのがいちばんです。今の日本の農業界で、それを学べるのは農業会社しかないからです。そしてその先にこそ、独立の道が開けることになります。

ルーティンワークの仕事をつくったり、それをスタッフにやらせたり、アウトソースしたりして、ビジネスをつくり上げていくプロセスを実地で学んだうえで、次のステージをめざせばいいのです。

そのためにはまず、その会社で出世することです。その会社がダメな会社だったら仕方がありませんが、成長しているのに中途半端で辞めては、ほんとうに必要なことを学べません。

「君がいてくれなくては困る。君のおかげでうまくいったよ」と認められ、オーナーにはなれないとしても、せめて側近くらいにまで出世したいものです。

そして、そうなれたときが、まさに独立のチャンスです。

「そんなに簡単に出世できるもんか」という反論が聞こえてきそうです。しかし、新農業ビジネスは今まさに誕生したばかりで、実は、世の中のビジネスマンのレベルと農業会社のスタッフのレベルを比べた場合、まだまだ世の中のビジネスマンのほうが高いレベルにある部分が多いのが現状なのです。

今、日本には400万社くらいの企業がある中で、1万社が大企業、残りが中小零細企業とされています。その中で1億円以上を売り上げている企業は10%程度と言われていますから、45万社ぐらいにはなるでしょう。

それに対して、およそ2万社ある農業会社の中で、売上げが1億円以上の会社はたったの2000社です。また、社員1人が動かしているお金も、一般の会社のサラリーマンなら2~3億円のところが、農業会社の場合は頑張っても1億円程度にすぎません。しかし、その1億円を動かせるようになるだけでもトップクラスなのです。逆に言うなら、現状では、一般の会社でトップクラスに立つより、農業会社でトップクラスに立つほうがよほど楽だし、将来性があるということです。

農業会社が欲しくてたまらない人材の5つの条件

また、現段階で農業会社が欲しがっている人材は、ワーカーとマネージャーの両方ですが、今後、ワーカーの仕事は機械化・ＩＴ化が進められ、省力化が進んでいきますし、近隣諸国の外国人労働者によって占められていくと予想されています。

そうした状況を見ると、より求められるのは、経営者の片腕となって組織を運営していくマネージャーとしての能力ということになります。

ではマネージャーとして求められる資質は何かというと、〝礼儀・作法・挨拶・返事〟という社会人としての基本はまず当然のこととしたうえで、次の５つの条件に集約できると思います。

【マネージャーに求められる5つの条件】

①頼まれやすい人

②レスポンスが早い人

③チームプレーができる人
④コミットする力のある人
⑤数字に強い人

私は農業会社に入ったとき、まず半年後には農場長になり、1年後には役員になろうと決めていました。そしてそれを実現していきました。なぜ可能だったのか……。早い話が、①の〝頼まれやすい人〟に徹していたからです。言葉を換えれば〝イエスマン〟を心がけたのです。

私は、入社して会社のめざす方向を理解したあとは、なんでも引き受け、とにかく会社のプロジェクトを成功させるために全力を尽くしました。

それは、会社というのは「この指とまれ」だと思っていたからです。社長から「この指とまれ」と言われて、その指をつかんだ以上、まずは運命共同体の一員として、同じ方向をめざすべきだと思ったからです。

また、〝頼まれやすい人〟になるために、連絡・報告・相談も欠かさないようにしました。往々にして別の業界で活躍したのちに中途入社してきた人や、もともと農業をしていた人の中には、自己完結している人が少なくありません。自分がしてきたことに自信をもっていますから、「いちいち連絡・報告・相談なんかしていられるか」と思ってしまうのです。

しかし、鍬使いの名手、トラクター使いの名手、肥料分析の名手みたいな人ばかりが集まって、それぞれが自分勝手にやっていたのでは、経営が成り立たないのは当然のことでしょう。そこで必要になるのが、連絡・報告・相談です。それを欠かさないことで、コミュニケーションをとっていったのです。

また、②の〝レスポンスの早さ〟も求められます。これは農業会社に限らず、一般の会社でも同じですが、「資料をつくってくれ」と指示されてから3日経ってもできていないというようなことを繰り返していては、責任のある仕事をまかせてもらえないのは言うまでもないでしょう。

次に大切なのが、③の〝チームプレーができる人かどうか〟です。これも一般の会社と同じですが、農業会社でもチームプレーが求められます。

たとえばサッカーで、どんなにうまい人がいても、チームプレーができなければチームの勝利に貢献できないのと同じです。

アフリカの諺に、〝If you want to go fast, go alone. If you want to go far, go together〟というのがあります。「早く行きたいなら、1人で行きなさい。遠くへ行きたいなら、みんなで行きなさい」というわけです。

確かに、1人でプレーすればものごとは早く進むかもしれません。しかし、1人の力では組織を大きな目標に向けて成長させていくことなどできません。

④の〝コミットする力のある人〟とは、結果をしっかり再検討できる力のある人、と言い換えてもいいでしょう。

目標を定めてもすべてがうまくいくわけではありません。なんといっても自然相手の仕事ですから、たとえば、台風が来て100の目標のうち80しかできないこともあります。しかし、それを「仕方がない」で終わらせるのではなく、来年も来るかもしれない台風にどう備えるかを考える力、つまり結果にコミットする力が必要です。

ユダヤの法則の中に「78対22の法則」というのがあります。世の中は、すべて78対22で成り立っているという法則です。それは、どんなに頑張っても22％は失敗するということかもしれません。

しかし、毎年毎年、努力を積み重ねていくことで、残りの達成できなかった22％に全力を尽くす。そうするとまた、78％は達成できても残りの22％は未達に終わる。そうすれば、翌年は22％×22％に、さらにその翌年には22％×22％×22％と、どんどん失敗の割合を減らしていけるはずです。

農業会社の経営者が求めているのは、そんなふうに常に結果にコミットした提案ができる人材なのです。言い換えれば、「諦めない心をもち、常に工夫し、前進していく人」と言ってもいいでしょう。

この〝コミットする力〟に加えて、さらに必要なのが、⑤の〝数字に強いこと〟です。これも新農業で成功していくには不可欠な素養です。

従来の農業では、何かを数字で説明するようなシーンなんて、およそありませんでした。家族経営が主流でしたから、夫婦ならではの暗黙の了解で業務が進みます。そのため、言葉や数字で説明する必要がなかったのです。

たとえば、野球の長島茂雄監督のような感覚的な言葉……「ビューッときて、バーンときたら、ボーンといくんだよ」で成り立っていたからです。

極端なことを言えば、「1万個のキャベツを生産するつもりだったけど、大雨で8000個しかできませんでした」と言えば、「そう言えば雨だったね。仕方がないね」で済んでいたのです（もちろん、その年の収入が減るのですから、農家はたいへんですが……）。

しかし、企業である農業会社にそんなことは許されません。そもそも、「いつ、どれだけ納品する」という明確な契約を前提にビジネスをしているのですから、雨のせい、風のせい、あるいはお天道様のせいにするような言い訳は通用しません。そんなことを繰り返していたら、あっという間にビジネスの世界から排除されてしまいます。

また、規模を拡大していく過程で、金融機関から融資を受けたり、補助金を受けたりすることにもなりますが、その返済計画もしっかり立てなければなりません。

そのためにも、「いつ、どの作物を、どれくらいつくるのか。そのための作業はどんなスケジュールで行うか」など、きちんと生産計画を立てなければなりません。さらに、「いくらで売ればいくらの利益が出るのか。その利益をどこに投資していくのか」などまで把握しておかなければならないのは当然ですし、いざ何かあったときにはどうやって損失を穴埋めするかなど、緻密な数値管理が求められるというわけです。

実際、ここまで述べてきたような能力をもった人のいる農業会社は、飛躍的に成長しています。

改めて整理すれば、①頼まれやすい人、②レスポンスが早い人、③チームプレーができる人、④コミットする力のある人、⑤数字に強い人――この5つのキーワードを何個もっているかで、これからの農業で成功できるかどうかが決まると言ってもいいでしょう。

独立の前に勉強しておく9つのこと

前述した資質をもった人なら、農業会社に入っても出世するだろうし、社長の右腕にもなっていくでしょう。そうなれば、豊臣秀吉に仕えた石田三成、あるいは黒田官兵衛のように、ボスの右腕として、やりがいのある、ある意味で悠々自適の新しい人生を送れるでしょう。それはそれで成功の人生です。

しかし、それだけでは満足できない日がやってくるかもしれません。

今は社長の指をつかんでいるけれど、その指を離して自分で「この指とまれ」と指を上げる側になりたいと思う日が……。

私は、そう思うようになったときが「独立のタイミングだ」と思います。ただし気をつけないといけないのは、社長の指をつかんで給料をもらっているあいだに、必ず勉強しておかなければならない9つのことがあるということです。

ここで、その9つについて説明しましょう。

【第1条】植物の理屈を知れ

まず知るべきは、農作物の生産の仕方ではなく、「植物の理屈を知れ」ということです。「植物はいったいどんな原理（生態原理）をもっているのだろうか」、わかりやすく言えば、「植物は何のために生きているのか」を知らないと、農業ビジネスに失敗してしまいます。

では、植物は何のために生きているのでしょう……。

その答えは、「植物も動物と同じように子孫を残すために生きている」のです。「そんなことは当たり前じゃないか、小学生だって知っているよ」と言われるかもしれません。しかし、実は奥が深いのです。

植物が生きていくには、まず光が必要です。そして、その生育を観察していくと、たとえば人間と同じように、小さい頃は病気にかかりやすいことに気がつきます。

あるいは、自分の子供と同じように、ある程度の教育とか躾が必要であることもわかってきます。そうしておかなければ、大きくなったときに影響してくるのです。

たとえば、種から芽吹いて双葉になったとき、光の当て方や環境などを、時期によってはある程度厳しく、またある時期にはほどよく優しくしてあげないと、後々うまく成長してくれません。

そして植物が花を咲かせるのは、人間で言えば30代、40代のいちばん油がのっている時期にあたります。そこで受粉し、種をつけて枯れていくわけですが、この植物の一生と人間の一生は、すべてがリンクしているようにも思えます。

そう考えると、「そのときそのときに、何を植物にしてあげれば健全に育ってくれるのか。可愛がるだけじゃダメだし、厳しいだけでもダメなんだ」ということが見えてきますし、手を差し伸べるべきことが何なのか、ということもわかってきます。

もちろん、キャベツとトマトでは栽培の仕方も違います。しかし、「結局のところ、みんな子孫を残すために頑張っているんだ」というところに気がつくと、農業が何たるかが理解できるようになってくると思います。

また、前述した西田さんが実施している「月読み栽培」も、同じように植物の生理を活かした農法です。

月の満ち欠けによって引力や地球の重力が変化する現象と同じように、それに合わせて、木の中の養分や水分が移動するのです。満月の日は、実や枝などの上部へ水分が向かい、逆に新月のときには、根などの下部のほうへ水分や養分が移動します。その結果、新月時には雑草が成長しにくくなるので、草刈りは新月の前が最適だということになります。

このように自然の摂理を知ったうえで施設栽培などの環境制御技術を学ぶと、おのずと生産業としての農業がより深く理解できるようになります。

【第2条】農業機械作業のコツを知れ

ここで言う農業機械には、パソコンやスマホも含まれます。これからの農業は、トラクターを筆頭に、作業のかなりの部分を機械で行うようになります。すでに9割9分は機械作業が可能になっていると言ってもいいほどです。

実は私自身は、機械が苦手なほうなのですが、一生懸命、機械に慣れるよう努力しました。それは、機械の操作を覚えるというより、適材適所で機械を使えるように、経験を積んで学んでいったということです。

たとえば、A、B、Cの3か所に農地が分散していたとしましょう。その3つの農地を耕さなければならないとき、Aは10の広さを耕さなければならない、Bは5の広さを耕せばいい、Cは1の広さを耕せばいいとします。

そのとき、いちばん広いAを耕すのにトラクターを使うのは当然でしょう。しかし、それが終わってからBとCでもトラクターを使うのかということです。

BがAのすぐ近くならトラクターを使うべきでしょう。しかし、AとBが離れたところにあり、トラクターを移動させるのに1時間かかるとしたら、果たしてBを耕すのにトラクターを使うのが正解かどうか、ということです。むしろ人力で耕したほうが効率的かもしれません。

また、いちばん狭いCについては、距離はさておき、トラクターを使わないほうがよほど効率的だと判断すべきです。

こうしたことは、事業が拡大し農地が広がれば広がるほど大切になってきますが、経験を積まなければなかなかわからないものです。

現在の農作業は、ほぼ9割は機械や道具で行うことができます。しかし、すべて機械や道具を揃えようとすれば、作業自体で楽はできるかもしれませんが〝機械貧乏〟に陥ることが目に見えています。機械は楽をするための道具ではなく、利益を生むための便利なツールとしてとらえなければ新農業はできません。

今後、農業の機械化がさらに進む中、いかに効率的なオペレーションを組んでいけるかが、ますます問われることになります。

また、農業界ではパソコンが苦手な方がとても多いです。そのため、みなさんが当たり前に仕事で使用している程度でも、農業会社に入れば、一躍ヒーローになれるかもしれません。

農業者の65％以上が65歳以上の農業界では、いまだに受発注業務をメールではなくＦＡＸや電話で行っています。レポートや報告書を提出する必要もないし、卸売市場や農協への出荷であれば、納品書も請求書も起こす必要がないため、エクセルやワードなどがあまり普及していないのです。にもかかわらず、ＩＣＴとＩｏＴは農業界にもどんどん入り込んでいます。いよいよ、みなさんの出番なのです！

【第3条】四季の変動を知れ

これは農業をやる以上、絶対に欠かせない知識ですが、まず知っておくべき最たる知識が「二十四節気」です。

毎年不思議に思うのが、お彼岸（ひがん）の頃になるとちゃんと畑の畦（あぜ）にヒガンバナが咲くことです。ヒガンバナはどうやって花を咲かせる時期を知るのでしょうか？

毎年観察していると、どうやら日の長さを感じ取っているらしいのです。

昼の長さと夜の長さが同じになる頃を、何かしらのセンサーで感じ取って、お彼岸の頃にドンピシャのタイミングで花を咲かせるようです。

この二十四節気は、古代中国で生まれたものです。その頃は月の満ち欠けを基準とする太陰暦が使われていましたが、太陽の動きに大きな影響を受ける農業には不向きでした。そこで、太陽の動きをもとにしてつくられたのが二十四節気です。

天球上を太陽が移動する道を黄道と言いますが、その黄道を24等分したものが二十四節気です。

黄道を、夏至（げし）と冬至（とうじ）の「二至」と、春分と秋分の「二分」で4等分し、それぞれの中間に立春、立夏、立秋、立冬の「四立」を入れて「八節」とします。そして一節を

45日とし、それを15日ずつに3等分したのが「二十四節気」です。

簡単に言うと、春分の日、秋分の日は、昼と夜の長さが同じになる日で、夏至は太陽の出ている時間が最長になる日、冬至は最短になる日です。それを区切りとして、1年を24に分けているのです。

ただし、中国の二十四節気は黄河の中・下流域の気候をもとにしているため、日本の季節より1か月ほど早めでした。そこで日本の気候に合わせて「雑節」が生まれました。節分、彼岸、社日（しゃにち）、八十八夜、入梅（にゅうばい）、半夏生（はんげしょう）、土用、二百十日、二百二十日などがそうです。

さらに二十四節気を5日ずつに分けた

二十四節気

「七十二候」もあります。たとえば、立春の日から5日間は「東風解凍」（東風が厚い氷を解かし始める）、次の5日間は「黄鶯睍睆（うぐいすなく）」（鶯が山里で鳴き始める）、さらに次の5日間は「魚上氷（うおこおりをいずる）」（割れた氷のあいだから魚が飛び出る）などとされています。興味のある人はインターネットで調べてみるといいでしょう。

いずれにしても、植物を育てるには、この二十四節気、すなわち季節の変動に敏感であることが必要です。農業ビジネスで成功するには、カレンダーではなく、ぜひ二十四節気が記されている暦（こよみ）を活用するとよいでしょう。

【第4条】物流の仕組みを学べ

実は、農業ビジネスを始めるにあたって、大きなネックになる要因の一つが「物流費」です。特に物流はクロネコヤマトをはじめ、物流業界の人材不足による値上げ傾向が続いています。これからますます物流コストが高くなっていくでしょう。

これまでの農業界では、物流のことを考える必要がほとんどありませんでした。なぜなら、すべて農協がやってくれるので、「私たちはつくるだけ！」で、物流のことなど考えなくてもよかったからです。

しかし、新しい農業においては、欲しい人と供給する人がどんどん直接つながり合う関係になり、農業と物流は切っても切れないものとなっています。

つまり新農業ビジネスとは、常にお客様を意識した農業を指しますが、お客様は自分のところまで届けてくれて、初めてその商品に対する対価を支払ってくれます。

当然、お届けするための配送・運送の段取りや、運賃・送料は、発送側である農業者があらかじめ負担しておかなければなりません。

そういう意味で、独立を考えるなら、今いる農業会社で徹底的に物流の仕組みを学ぶことが大切です。

【第5条】市場相場、モノの価格を知れ

モノの価格（市場相場）は、需要と供給で決まります。農産物も同様です。

需要と供給が均衡すると価格も安定しますが、たとえば供給量が変わらない状態で需要が増えれば値段が上がるし、逆転すれば暴落します。農業会社にいるうちに、そうした市場相場の動きや、モノの価格がどうやって決まっていくかを勉強することが大切です。

そのためには、どんなことでもお金に換算するという訓練も必要です。極端なことを言えば、農業会社にいるときから、種1粒でも値段を気にする癖をつけるのです。たとえば、ラーメン店に行ったとき、自分がラーメン店を始めることを想定して、「このどんぶりはいくらなんだろう?」「割り箸も必要だな」「照明や椅子にどれくらい金をかければいいか」などと考えてみるのです。

逆に言えば、いかにコストをかけずに〝プライス感〟を出すかということです。ラーメン店を開業するとすれば、ラーメン店にお客さんを呼ぶには、まずおいしいことは当然として、プラスアルファのお得感が必要です。店の雰囲気や従業員の接客態度なども含めて、「あの店に行ってトクした」と感じさせることが大切です。ラーメン業界の市場を知ることは当然でしょう。

新農業ビジネスでは、お客様と取引(ビジネス)で稼ぐ農業を前提とします。卸値とお届けする数量は納期を決めてから取引を開始するわけですから、常に価格交渉が必要になります。自分が取り扱う商品の価格、価値、値ごろ感をあらかじめもっておかないと、取引先と交渉する際に会話が成り立たなくなります。

農業で独立し、成功するか否かの分岐点は、すべて数字(お金)に行きつきます。

日頃から市場相場がどう動いているかを見ること、モノの価格がどうやって決まっているかを観察しておくことが大切です。

【第6条】コスト削減のノウハウを身につけろ

ビジネスを成功させるには、コスト感覚が大切であることは言うまでもないでしょう。「自分はおいしい野菜をつくるんだ」といくら勢い込んでコストをかけても、市場価格をはるかに超える価格で出荷したのでは売れるはずもありません。

「すべて手作業で、人気の有機農業をしています」と言う人もいるでしょう。インターネットで直接販売して、それなりの手応えを感じている人もいます。

しかし、厳しい言い方をすれば、身を粉にして働いても自分１人が食べていくのでやっとでしょう。

農業で本格的に稼ごうと思うなら、こだわって高級なもの、付加価値の高いものをつくって販売するのもよいでしょう。しかし、経費をかけすぎても、販売価格に反映させるのが難しい業界であることも事実です。やはり、持続的に農業ビジネスで稼ごうと思うならば、しっかりとお金の出入りをチェックして、コストを抑える努力を怠ってはいけません。

第1章で、10億円を稼ぎ出している成功者たちを紹介しましたが、彼らはみんな、合理化・効率化のための努力を惜しんでいなかったことを思い出してください。北部農園の上田会長も、生産コストをどうやって抑えるかに日々工夫と努力を惜しみませんでした。

「有限会社　むらおか」の村岡社長も、商品を出荷するダンボール代、野菜をラッピングする包材を一つひとつ見直して、常に経費削減に目を配っています。

「にしだ果樹園」の西田さんは、作業効率を高めるための果樹園整備をしています。園内の草刈りを効率よく行うために、刈払い機で人間が時間をかけて草刈りをしなくてもよいように、乗用草刈り機で園内を短時間で、かつ少ない労力で草刈りができるように工夫しています。

「中村園」の中村社長は、製造業と同じように、お茶の生産工程を〝一〟から見直して、〝ムラ・無理・無駄〟を徹底的に省くための見直しを常に行っています。

このように、人件費の面では、農業界も大きな転換期を迎えています。これまでの農業は、生産性が低いためいかに安く人件費を抑えるかが大きな焦点でしたが、これは安い賃金で人件費を抑えるという話でした。しかし今後は、農業界も他産業並みの人件費を払う時代となります。むしろ他産業以上に時給、給料を多く払おうという農業企業もたくさん出現しています。

「北部農園」の上田会長は、農業事業開始当初から他産業より給料を多く払おうと努力されてきました。その結果、農場で働くパートスタッフの時給も、１２００円以上を実現しています。

そのための手段として、〝人・時・生産性〟を上げる必要がありますが、それにはどうしても規模を拡大してスケールメリットを得たり、生産工程を効率化したりする必要があるということなのです。

また、働いてくれる人たちといかに〝ウィンウィンの関係〟を築くかがポイントになります。

離職率が高いと、農業事業も持続的な経営ができません。特に今の日本ではブラック企業は成り立ちません。大昔のように農村で働く従業員が牛馬みたいに働かされることはあり得ません。

いかにお互いが満足する関係をつくっていけばいいのか……それを学べるのも農業

会社なのです。

【第7条】帳票類のつけ方を覚えよう

帳簿のつけ方もぜひ身につけておきたいスキルの一つです。そのためには、できるだけ「いくら売り上げて、いくら出ていったか」にかかわっていくことです。

私が前職の会社に入っていちばん最初にやったのが、「この会社は1日にいくら売り上げているか」を知ることでした。

そう思っても、誰に聞けばいいかわかりませんでしたから、まず、そこらにいる人に誰彼かまわず聞いてみました。しかし、返ってきたのは「知らない」という答えばかりでした。みんな、給料さえもらえればいいと思っているようで、売上げなんてまったく興味がない様子だったのです。

そこで、経理の人に「売上げって誰に聞けばいいの？」と聞いたら、「それ、私わかりますよ」と言います。

「よかった、知ってるんだ」と思ったのですが、次の瞬間、彼は「ちょっと待ってください」と言って、パソコンを調べ始めました。そして、「ありました。70万円です」

という返事です。そこで私が「昨日は？」と重ねて聞くと、またまた「ちょっと待ってください」です。

私は、正直に言って、「いや、あなたが入力したんだろう。入力したのになんで覚えてないの」と思いました。

そんなものなのです。経理担当者でさえ、売上げを把握していないのが現状だったわけです。

数字に強い人は経営がうまい、と言われています。逆に数字に弱い人は経営には向いていないかもしれません。独立して起業しようと思われる方は、最低でも目標の数値をもっているはずです。

売上げ1億円が目標なら、1か月あたり平均833万円ずつ売り上げなければなりません。月に25日営業稼働すれば、1日あたり平均33万3000円の売上げがなければなりません。ということは、帳簿をつけることで、毎日、毎月、目標に達しているか否かを確認しているのです。

もし、「そんなこと、面倒くさい」と思うようであれば、独立することなどできません。「数字に強くなれ」ということは前述しましたが、帳票類のつけ方くらいは覚えて、せめて自分が関わった仕事のお金の出入りぐらいはわかるようになるべきです。

【第8条】キャッシュポイントをつかめ

ここで言う「キャッシュポイント」とは、〝お金になるポイント〟あるいは〝収入を生み出す仕組み〟のことです。もっと言えば、〝儲かるツボ〟と言ってもいいのですが、実は同じ農業でも、ほうれん草農業と大根農業と白菜農業では、それぞれキャッシュポイントが違います。

たとえば、かつて私が個人でほうれん草農家をしていたとき、近所には大根をつくっている先輩もいれば、白菜をつくっている先輩、トマトをつくっている先輩もいました。しばしばみんなで酒を飲んでいましたが、あるとき、こんな話になりました。

ほうれん草をつくっていた私「大根なんて、掘ったあと洗わなきゃならないでしょう。それに比べて、ほうれん草は洗わなくていいんだ。絶対にほうれん草のほうがいい」

大根をつくっていた先輩「大根は洗えばいい。白菜なんて重たいぞ。あんな重たい白菜なんて、たいへんなだけだからやるべきじゃない」

白菜をつくっていた先輩「大根は洗わないとならないだろう？　ほうれん草は袋に詰めなくちゃならないだろう？　それに比べて白菜はかかえてダンボール箱に詰めればいいだけだ。効率的な白菜がいいに決まっている」

トマトをつくっていた先輩「君たちのはダメに決まってる。重たいし、洗わなきゃいけないし、袋に詰めなきゃいけないし……。その点、トマトは収穫したらそのまま出荷できる。軽くて運びやすくて、すぐにお金になる。こんな楽なことはないよ」

そうやって、みんなそれぞれに「うちがいい」と主張したわけですが、実はこれこそキャッシュポイントなんですよ。

たとえば、私たちが「大根は地獄だ。いちいち洗うなんて無理！」と感じたのに対して、大根をつくっていた先輩は、「お前たちは面倒くさいと思っているかもしれないが、洗うだけで金になるんだぞ。お前ら、洗うの嫌いか？」と考えます。

そして彼は、洗うのを苦としないからこそ、大根で儲けることができるのです。それが彼のキャッシュポイントだということです。

人それぞれにキャッシュポイントがあるという話ですが、みんながふつうは嫌だと思ったところに、実はキャッシュポイントがあるわけです。

儲かるビジネスを始める人の特徴は、会話や言葉、情報の中で面倒くさいこと、苦しいこと辛いこと、困っていることを探して解決法を考えるのがうまいということです。

農業も同じです。たいへんで、困っていることがたくさんあります。だからチャンスなのです。みんなでワイワイ話しているうちに、だんだんキャッシュポイントがどこにあるかが明確になっていき、より儲けるためのヒントが出てくるのです。

このポイントは、次の「ネットワークを築け！」ということにもつながります。

【第9条】ネットワークを築け！

農業ビジネスに欠かせないものとして、最後に「ネットワーク」を挙げておきましょう。

独立するときにいちばん大切なのは、ネットワークです。いろいろな人から知識や情報を得られるだけの準備ができていないと、なかなか成功することはできません。

また、農業会社にいるうちにつくりあげたネットワークに劣らず大切になってくるのが、新たな場所でのネットワークづくりです。

独立して農業を始めるとき、多くの場合、どこかの地域に新参者として入ることになります。その地域には血縁関係で成り立っている昔からの社会があって、他を排する風潮が多少なりとも残っているかもしれません。

しかし、恐れる必要はありません。知らないから障壁があるだけであって、なにも、みんなで新参者を取って食おうと思っているわけではないのですから……。

その中で、コミュニケーションを構築していくには、とにかくいろいろな人に会って、「私は決して怪しい者ではございません」と顔を売ればいいだけです。

だいたい、農業会社に就職して、「もう独立してもやっていけるな」と思えるくらいになった人なら、それなりに地域交流もできているはずですから、どんどん新しいネットワークをつくっていけるはずです。

農業は都会の真ん中でできるビジネスではありません（都市型植物工場なども一部ありますが……）。大概は地方で行われます。

であれば、その地方には必ず有力者がおられます。その有力者と出会うのも、農業ビジネスで成功する秘訣です。

営業を仕事にしている方が、決裁権をもつキーマンとどうやって接触しようかとふだんから工夫しているのと同じです。

以上のように、農業会社で修業をしているうちに、ここに書いた9つのことが準備できなかったら、今の会社に残るか、別の業界に転職したほうがいいでしょう。

さんざん「農業界はいいぞ。農業ビジネスにチャレンジしようよ」と言っておきながら、こんなことを書くのはちょっと気が引けますが、ここに挙げた9つの条件を満たせない人は、独立して農業ビジネスで成功することは難しいと思います。

決して無理する必要はないのです。

第4章

農業起業して
ガッチリ
個人事業者になる

時代は個人農業からチーム農業へ

2005年に出版された『ブルー・オーシャン戦略――競争のない世界を創造する』(W・チャン・キム、レネ・モボルニュ著　有賀裕子訳　ランダムハウス講談社)は、既存市場を「レッド・オーシャン」(赤い海、血で血を洗う競争の激しい領域)であるとし、これからは、競争のない未開拓市場である「ブルー・オーシャン」(青い海、競合相手のいない領域)を切り開いていくべきだと説いています。

日本で動き始めている新農業ビジネスは、まさに競争相手のいない未開拓市場、この「ブルー・オーシャン」ビジネスそのものだと言えるでしょう。しかし、そこが〝濡れ手に粟の甘い世界ではない〟ことは改めて言うまでもありません。

そもそも、農業でいくら稼げるのでしょうか。ここで、農業ビジネスのお金の流れをごく簡単に説明しておきましょう。

野菜を例にとると、〝種代の50倍〟が農家の取り分です。たとえば、ほうれん草の種は1粒0・2円くらいですから、1株10円になります。5~7株を袋に入れて50

円から70円程度で流通業者に卸します。それがスーパーマーケットでは100円〜150円ほどで売られます。

つまり、消費者が払った金額のおよそ半分が農家に入ってくるということです。

そう聞くと、「流通業者とスーパーマーケットはずいぶんとっているな」と思われるかもしれません。しかし流通業者は人件費に食われますし、スーパーマーケットは売れないままロスするリスクもかかえていますから、それぐらいの利幅をとっておかないと厳しいのです。

さて農家は、1円分の種で50円の収入があるのですから49円残ります。しかし肥料代が必要です。それにだいたい2円ほどかかります。残りは47円ですが、その他、農機具などの購入費やビニールハウスなどへの設備投資も必要ですから、儲けを出すのはなかなかたいへんです。つまり、いかに無駄を省いて手元にお金を残すかがポイントとなります。

経費の大半は設備投資費と人件費です。たとえば農家が、1戸1戸バラバラにやっていたら設備投資もそれぞれかかります。それを5戸がいっしょに協力してやっていくことで、設備投資を5分の1に減らすような工夫も必要です。そんなふうに、あらゆる部分の無駄を削り、なおかつ規模を拡大することで人件費を減らし、利益を増やしていかなければなりません。

新農業も基本的には、その延長線上にあります。組織化することで省力化、効率化、合理化を進め、さらに規模を大きくすることで利益の最大化を図ります。つまり、個人農業から法人農業、いわゆるチームによる農業をめざすということです。

そのためには当然、農業のやり方も変わってきます。

これまでの農業は、1人ひとりがプレーヤーとして動けば成り立っていました。しかし、チーム農業を実践するには〝監督〟の仕事が重要になってきます。中には、かつてのヤクルトの古田敦也選手のように、プレイングマネージャーという立ち位置もあり得ます。ただし、組織が大きくなるにつれて、マネージャーとプレーヤーの役割は分かれていくのが自然な流れです。

つまり、ほぼ試合ができるところまで組織体制ができてきたら、それまでプレーヤーとして働いていた人の中から、マネージャーとなる人が出てくるのは必然なのです。

そのときマネージャーに求められる仕事は、〝組織のフィールドづくり〟です。たとえば、金融機関との交渉や農場の環境整備などがそうです。あるいはドラフト会議に出て、優秀なプレーヤーをスカウトしてこなければなりません。

そのスカウトしてきたプレーヤーは、グローブくらいなら持っているかもしれませんが、バットやボールなどは、会社側で働きやすい環境を用意してあげることも必要でしょう。人材を最大限に活用するための投資や教育も必要だということです。

必要な〝お客さんアプリ〟のインストール

ここまでにも書いてきましたが、実は、これまできちんと個人農家をしてきた人の中には、ものすごい能力をもった人が大勢います。自分で監督をやって、自分でグローブとボールとバットを揃えてプレーしていますし、中にはグラウンドまで整備して、1000万円以上稼いでいる人もいます。

そんなに人たちに伍していくのはたいへんです。なにしろその人たちは、もともとグローブも、バットも、グラウンドも、親から引き継いでいるし、農作業に関してはプロ中のプロなのですから、そんな人たちに昨日今日つくったチームで立ち向かったところで、そうそう勝てるものではないでしょう。

しかし、そんな農業のプロたちは、実はホームランがなかなか打てないのです。みんな自信があるし、一発打ちたいから、バットをぶんぶん振り回すし、果敢に盗塁もするのですが、なかなか勝負に勝てません。

それは、〝お客さん〟という新しいアプリをインストールしていないからです。

新農業ビジネスの最大の強みはそこにあります。

新農業ビジネスのポイントは、あくまで〝お客さんが求めるものを提供すること〟を最大の目標としていることです。お客さんが「バントだ」と言ったらバントしなくてはなりませんし、「ここはヒットエンドランだ」と言ったらヒットエンドランをしなければなりません。

つまり、お客さんが求めることを実現するために、何をどう努力すればいいのか、戦略を練り、チームを動かしていかなければなりません。そしてその役割を担うのが、監督（マネージャー）なのです。

この発想をもたずに、バットをぶんぶん振り回して、農業のプロである個人農業主と対抗しても、負け戦になることは目に見えています。

ある意味では、農協を中心としたこれまでの農業界も、チームプレーをしていたと言えるのかもしれません。しかし、モノをつくって消費者の手元に届けることは行っていましたが、逆にお客さんを獲得して、そのお客さんが求めるモノを提供するという努力をしてこなかったのです。

農協チームの1人ひとりのポテンシャルはかなり高いものがあります。当然、消費者が求めているものをつくっている人もたくさんいます。

しかし、これまであまりにもお客さんの声に耳を傾けてきませんでした。それは、農協という組織が、平等な票をそれぞれ1票ずつもっている農家（組合員）で構成されている組織だからです。

たとえば、10戸の農家で構成されている農協に、「大根1000本を1本100円でつくってくれませんか」というオファーがあったとき、スムーズに「1戸100本ずつつくろう」と話が決まればいいのですが、1戸でも「ノー」という農家があれば、その話を受けることはできません。あるいは、全員の了解をとるのに時間がかかるでしょう。

それは、このスピード社会では致命的です。鮮度がいのちの青果業の中で、「明日、大根1000本ちょうだい」と言われたときに、「ちょっと待ってください。今から生産者を集めて会議をします」などと言っていたのではとても間に合いません。

そこに、新農業ビジネスが市場をどんどん広げている理由があります。

これまで、たとえばスーパーマーケットなど大口のお客さんは、なんとか自分たちの流通に合わせてくれる農協を探していました。しかし、なかなか見つからなかったのです。

そこに現れたのが、〝お客さんアプリ〟をインストールした新農業ビジネスを実行している農業者だったのです。

ところで今、一般企業で働いているビジネスマン、ビジネスウーマンの多くは、すでに〝お客さんアプリ〟をインストールしているはずです。お客様を意識していないビジネスは基本的にあり得ないでしょう。新農業ビジネスで求められているのは、まさにそんな人材です。

だから私は、みなさんに新農業ビジネスへの挑戦をすすめているのです。まずは、1000万円の儲けを手にするための方法を紹介していきましょう。

やってはならない農家からのスカウト

今、30歳から35歳という年齢になっていて、一般企業でのビジネスキャリアをもっている人の多くは、部下が数人はいて、なんらかのチームを率いているはずです。そういう人にとって、数人雇って農業チームをつくることは、そんなに特別なことではありません。要は、新規事業のプロジェクトチームのリーダーになるというだけのことだからです。

たとえば今の会社の中で「農業プロジェクトをやるぞ。君がキャプテンだ」と言われたら、それなりに構想してプランを立てられるはずです。チームをつくって、戦略を練って、お客さんのふところに飛び込むことを考えればいいだけです。

ただし、このチームづくりでいちばん肝心なプレーヤーを集めるときに、〝NG〟なのが農家出身のプレーヤーに頼ってしまうことです。

プロ野球なら、他のチームから選手をヘッドハンティングしてくればいいでしょうし、それで勝てるチームをつくれるでしょう。しかし「農業をやるんだから優秀な農家をヘッドハンティングしてくれれば勝てる」と考えるのはいちばんの誤りなのです。

たとえば、その会社に農家出身の人がいたとします。往々にして「経験があるのだから」とチームに入れたくなるものです。

しかし、なぜその人が農家を辞めて、今の会社に入社したのかということを考えてみるべきでしょう。もし農業で大成功して生計が成り立っているなら、農家を辞めて就職する必要などなかったはずです。

ということは、もしかしたら農業で10敗してリタイアしたか、ドロップアウトした可能性が高いわけです。そういう人を、今から農業をやろうという大事なプロジェクトに入れますか、ということです。

百歩譲って、まったくの素人を入れるよりマシだろうと、入れたとしましょう。

当初はわからないことだらけなので、たとえば「この種蒔きは、ここにポイントがあって、こういうふうにやればいいんですよ」などとこまかく説明してくれて、「さすがだな、君に聞いてよかったよ」ということになるかもしれません。

しかしそれは最初の3か月くらいで、徐々に会社の方針に合わせた農業を進めようとすると、だんだんその人の我（独自のやり方、考え方）が出始めます。

そもそも既存の農家で失敗した人は、〝お客さんアプリ〟をインストールされていませんから、会社の方針通りにお客さんに合わせた農業ができないのです。

野球にたとえると、バントのサインが出ているのに「絶対ホームランを打ちます」と言ってバントをせず、三振して帰ってくるようなことになってしまいます。

その結果、事業がだんだん行き詰まっていくのです。それが、新規事業で農業ビジネスに参入したり、起業したりした農業会社が最初に陥る落とし穴です。

私も、今考えれば面接で落とされそうになったのも納得がいきます。

自分中心で個人経営主だった私は、スタンドプレーはできてもチームプレーはしてきていなかったのです。

以前の会社での私は、入社当時は自分勝手で人の言うことを聞かない、扱いにくい社員だっただろうな、と反省しています。

1000万円の儲けを手にするには

いよいよ農業会社を立ち上げるなら、「1年に1000万円の報酬を手にするぞ」

という覚悟が必要です。

具体的に経営者がそれだけの報酬を手にするには、少なくとも〝売上げ1億円〟は必要です。そしてその規模の農業ビジネスを行うには、パートも含めたスタッフを最低10～12人は揃えなければなりません。

それくらいの陣容で取り組んではじめて、経営者である自分が1000万円、他の役員が2人いたとしてそれぞれ600～800万円、そして社員メンバーが300～600万円、パートが200～300万円の報酬を得られるという計算になります。

つまり、概算で1億円のうち5000万円がトータルな人件費というわけです。

また1億円のうち、だいたい3000万円くらいが生産コスト、2000万円が販管費（販売費および一般管理費）となります。それでプラスマイナスゼロです。

また、設立当初はどうしても設備投資が必要になりますから、それを計算に入れなければなりません。

設備投資の償却が終わるまでは、かなり慎重に事を進めなければなりませんが、次第に販管費が圧縮されていきますから利益も出るようになるでしょう。ただし、償却が終わる頃には、たいてい事業がうまく回り始めて拡張期を迎えますから、再び資金が必要になります。

いずれにせよ、農業ビジネスの成功の方程式は「人件費：生産コスト：販管費＝5対3対2」ということです。

こういう話をすると、「人件費5000万円のうち、自分への報酬を下げてもいいから、苦労しているスタッフへの報酬を増やしたい」という人がいます。まことに立派な考えだと思います。

しかし私は、「ちゃんと1000万円はとるべきだ」とアドバイスしています。

もちろんスタッフの生活を考えなければいけませんし、彼らの報酬を上げる努力は必要です。まして、スタッフの給料を抑えて、自分の報酬を2000万円にするような経営者は論外です。そんな経営者には誰もついていかないでしょう。

しかし、私はあえて「1000万円を受け取れ」と言います。それは、まず自分が1000万円の報酬をとり、きちんとスタッフたちが生活できる報酬を確保し、さらにそれを持続させる組織にしなければ、次の飛躍は望めないからです。

また、1000万円をとるには1年間の売上げを1億円にしなければならないと書きましたが、売上げ1億円は、会社が安定するかどうかの分岐点でもあります。

売上げ1億円で経営は安定する

年間売上げ1億円を担保するには、1社相手で1億円売り上げてもいいし、1000万円の取引先が10社ある、あるいは500万円の取引先が20社あってもかまいません。いずれにしても、そこまでいけば経営は安定します。

なぜなら、そこまで取引が大きくなると、取引先のパートナーにとってもそうそう代替えがきかない存在になれるからです。

なんと言っても、取り扱っているのが農産品で、いわゆる〝消えもの〟です。ですから365日、切れ目なく入荷しなくては困ります。「山下さんのところと取引ができなくなったから、すぐに代わりを探そう」というわけにはいきません。お互いに切っても切れない関係になってくるわけです。

そうなればお金も順調に回るようになり、当然、利益も出てきますから、経営は安定してきます。

1回そこにたどり着きさえすれば、そこから上がることはあっても、下がることはありません。よっぽど不正をしたりインチキをしたり、あるいは無謀な投資をしたり、偽装したりしない限り、安泰だということになるのです。

もちろん、それだけではありません。私はこれからの農業をよりすばらしいものにしていくためにも、1000万円とれる経営者にどんどん出てきてほしいと思っています。

今、さんざん「農業の後継者がいない」とか、「子供たちが農家になりたがらない」と言われています。なぜなら、憧れないからです。

そんな子供たちに憧れてもらうために、「農業なら1億円を売り上げる会社をつくれるよ。1000万円の報酬が得られるよ」と胸を張れるような前例を、次から次につくってほしいからです。

さらに言うなら、もっと売上げを増やして、中核を担うスタッフに対して、1000万円の報酬を保証できるくらいの企業に育て上げてほしいと思います。それなら、大都市の大企業の部長クラスの報酬になるでしょう。

私は、そんな農業会社を〝見せつけ農家〟と呼んでいます。べつに、自分が1000万円の報酬をとっていることを自慢する必要はありませんが、「あなたもどうですか」と、次世代を担う子供たちに道をつくってあげてほしいのです。

そうして〝見せつけ農家〟〝見せつけ農業会社〟が次々と生まれて、農業ビジネスの魅力と可能性を発信してくれるようになれば、農業が日本経済を支えるエンジンの一つとなって、少子高齢化の進む日本農業の新たな在り方を考えるきっかけにもなると思っています。

では、どうすれば農業で1億円の売上げを達成できるのか、具体的に考えていくことにしましょう。

売上げ1億円の達成法1 まずはビジネスパートナー

さて、いよいよ売上げ1億円の会社のつくり方です。

たとえば、B to B（企業間取引）で、ビジネスパートナーとトマトの契約を交わしたとしましょう。トマト1ケースを1000円（仮定単価）とすると、そのビジネスパートナーが10万ケース取り扱ってくれたら、もう1億円になります。

ということは、10万ケースを取り扱ってくれるビジネスパートナーと出会うことがまず大前提です。

もちろんビジネスパートナーは1社である必要はありません。1万ケース取り扱ってくれるビジネスパートナーが10社でもいいし、3万ケース取り扱ってくれるビジネスパートナーが3社と、1万ケース取り扱ってくれるビジネスパートナーが1社でもいいんです。

いずれにしろ、1ケース1000円の商品を10万ケース取り扱ってくれる人（会社）と出会った瞬間に、もう絵（事業計画）は描けるのです。

具体的には、10万ケースのトマトをどうやって収穫するか、逆算していきます。

農産物は1年中収穫できるものではありません。冬に採れる地域、夏に採れる地域、春に採れる地域、秋に採れる地域といろいろですが、ここではわかりやすくトマトを例にして話を進めましょう。

トマトは収穫できる時期が、精いっぱい延ばしても最長10か月間です。もちろん8か月間しか収穫できない地域や6か月間しか収穫できない地域もありますが、計算しやすいように10か月間収穫できる地域とします。

さて、1年に10万ケース出荷する場合、ざっくり言えば1か月あたり1万ケース出せばいいことになります。1か月あたり1万ケース出すということは、1か月に20日間出荷するとして、1日あたり5000ケースの出荷を実現すればいいわけです。

5000ケースを毎日出荷するためには、1箱あたり20個入っているとすると、出荷できるところまで育ったトマトが毎日1万個、枝にぶら下がっている状態をつくればいいわけです。1株から3日おきに1個収穫できる前提で試算すると、およそ3万株植えればいい計算になります。そして、その3万株のトマトを植えるためには、2万平方メートルのビニールハウスが必要です。

では、2万平方メートルのハウスを建てるために必要な農地の広さは？　答えは2万5000平方メートルです。

さらにそこで働くスフッフは、自分以下に経理だの営業だの生産だのも含めて9人から10人くらいは必要です。

こうしてだんだん計画が具体的になっていきますが、次には、「それを実現するために、いったい、いくらかかるのか？」という話になります。

売上げ1億円の達成法2
ゼロから始めるなら7000万円が必要

こまかい計算は省きますが、2万平方メートルのビニールハウスを建てるには、骨組みだけでも最低5000万円以上、その他、機械、栽培資材などが2000万円かかります。合計7000万円です。

つまり、まったくゼロの状態からトマトを1億円売り上げるためには、最低でも7000万円の初期投資が必要だということです。

しかし、さすがにキャッシュで7000万を払うことはできないと思います。融資を受けて分割して返済していきますので、人件費と生産資材費を上手に管理していきながら、確実に利益を上げていくことになります。

よく「山下さん、農業の生産をするのにいくらいるの？」と聞かれますが、私は、ざっくりと初期投資は「1000万円売り上げたいんなら1000万円いります。2000万円売り上げたいんなら2000万円いりますよ」と答えています。

また、「じゃ、1億円売り上げるには1億円いるんですか」と聞かれたときには、「いや、1億円売り上げるためには7000万円から8000万円。10億円売り上げるためにはだいたい5億円から6億円かかります」と言っています。規模が大きくなれば、必要な設備投資の金額は抑えられるからです。

それにしても、1000万円売り上げるための1000万円の設備投資はたいへんでしょうし、かなりの覚悟も必要です。

しかし、農業を始めるにあたっては、さまざまな助成金があります。

たとえば、いちばん大きな買い物の一つがトラクターで、500万円くらいします。また、ほかにも必要な農業機械を買えばすぐ1000万円くらいになります。そのうち3分の1ぐらいは補助してもらえる可能性がありますが、政策は毎年変わりますので、しっかりと地方自治体で確認してください。

前述のトマト1万ケースの例では、合計7000万円という金額を示しましたが、補助金を計算に入れればだいたい5000万円で始められることになります（自治体、制度、年度によって異なります）。

しかしそれでも、5000万円は大金です。事業計画を立て、金融機関から融資を受けて、たとえば10年間で返すとすれば、利息とは別に毎年500万円ずつ返していかなければなりません。

そう聞くと、「そんなのとても無理！」と腰が引けてしまうかもしれません。「それだったら、もうラーメン屋かカフェをやるよ」という話にもなりかねません。

しかしちょっと待ってください。ここまでの話は、すべてを新品で揃えた場合の話です。実はもっと賢い手があるのです。

売上げ1億円の達成法3
必要な「シェアリング・エコノミー」の発想

そもそも、農業ビジネス参入をめざして、私がおすすめしているように農業会社に就職して一生懸命お金を貯めたところで、２００万円～３００万円貯めるのが精いっぱいでしょう。中には死にものぐるいで働いて、２０００万円貯めて農業参入を果たした人もいますが、あくまでもレアケースです。また、７０００万円貸してくれと言っても、それをまるまる融資してくれる金融機関もないでしょう。

そこで必要となるのが、個人が保有する遊休資産を共有して、有効活用しようという「シェアリング・エコノミー」の発想です。

極端な話、全部借りてしまうことです。あるいは中古品でスタートさせるという方法です。

そもそも、トラクターは365日稼働しているわけではありません。実は年に何回かしか稼働していないものです。それを「1回3万円で貸してくれ」と言えば、喜んで貸してもらえるでしょう（人間関係ができていることが前提ですが……）。

つまり、「最初から〝借りる〟を前提に計画を立てろ」ということです。

その準備のために、農業会社で経験を重ねながら、さまざまな人脈をつくり、情報を集めておくことが必要なのです。

またビニールハウスなども、新しく建てなくても、使わなくなった中古のビニールハウスがご近所にあるかもしれません。

それを借りることができれば一石二鳥です。離農する農家が増えている今、そんな財産が全国のあちこちにあるのです。

そうした情報は、これだけネットが普及しているにもかかわらず、絶対にネット上には出てきません。地元の人とか地域の地主、あるいは有力者しか知らない情報です。

結局、人とのつながりがカギを握っているのです。

売上げ1億円の達成法4

セミナー、ガイダンスで情報収集を！

確かに今の若者にとって、農業はとっかかりにくいものでしょう。なにしろ、知らないこと、わからないことが多すぎます。しかも、ちょっと泥臭い……。

しかし一度でも農業界に入り込んで、その世界に精通している人と出会った瞬間に、「ここは何なんだ！　宝の山じゃないか」と思う人が実に多いのです。

ちょっとした勇気ときっかけで、入ってしまえば「ウェルカム！　いっしょにやろうよ」と迎えてくれる人は多いし、マーケット側もウェルカムです。

みんな実際に触れたことがないから「農業始めたら人生が狂うよ」とおっかなびっくりだし、「一歩あの世界に入ったら、魂抜かれるらしいよ」と、まるでお化けの世界のように言っているだけなのです。

ちょっと話を聞きに行って、既存の農家の人から「農業なんてそんな甘いもんじゃないぞ。お前なんて一昨日（おととい）来やがれ」と怒鳴られたり、行政に相談に行ってもへんな書類ばかり書かされて、イヤな思いをしたという人も多いようです。

しかし、時代は急激に変わっています。

「なんだ、山下さんに言われて行ってみたら、みんなめちゃくちゃ親切にしてくれるし、トラクターとかも借りりゃよかったんだね」という人もどんどん出てきています。

私は、本書を読むことで、新農業ビジネスの世界がいかにパラダイスかを知っていただきたいと思っています。

また、農業会社をさらに知るには、実際に農業ビジネスをやっている人たちのところに就職するのがいちばんの近道であることは何度も書いてきました。近年では、各地で県の農政局などが主催する「農業就職ガイダンス」が盛んに開催されるようにもなっています。

だいたい夏に行われていますが、まずはそういう機会に農業会社の社長と会って、いろいろな話をすると、本書に書いてあることがほんとうだったんだと実感できるはずです。

売上げ1億円の達成法5
金融機関を味方につける

資金調達という点でも、新しい動きが起きています。

ひと昔前までは、「農業を始めるから資金を融資して」と言っても、なかなか相手にしてもらえませんでした。

しかし、最近は銀行でも「アグリ・ソリューション部」をつくって、積極的に融資しようというところが出てきています。これからは農業に投資しようと思って、金融機関はパートナー探しにうずうずしているのです。

嘘みたいな話ですが、一般企業がなかなかお金を借りてくれなくなったので、農業分野に目を向け始めているわけです。

ただし当然のことながら、誰にでも融資するというわけではありません。早い話が、「私はおいしいキャベツをつくりたいんです」では、融資してくれません。

「私は1億円のビジネスをして年収1000万円にしたいんです。そのために、こういう計画を立てています」と、自分のプロジェクトの事業計画を立てて、理路整然と説明しなければなりません。そうしてはじめて査定作業に入ってくれるのです。

私も金融機関の人から「山下さん、農業分野に投資したいし、今年は100億円くらい回そうかと思っているんだけど、誰かいませんか?」、「ビジネス感覚のある人が誰かいませんか?」とよく聞かれます。

そんな彼らが求めているのは、いわゆる〝ザ・農家〟ではなく、新農業をめざす〝ビジネスパートナー〟です。

この「誰かいませんか?」という言葉の裏に込められているほんとうの意味は、「継続的にお金を稼ぎ続けるビジネスモデルを提案できる人はいませんか?」、あるいは「ビジネス感覚がある農業者はいませんか?」です。

金融機関からすると、アベノミクスで言う成長戦略に乗った〝成長産業としての農業〟を見据えている人がほしいのです。

だから、私の知り合いで仮にものすごくおいしい大根をつくっている人がいたとしても、それをビジネスという視点でとらえていなければ、紹介したところでミスマッチに終わってしまうでしょう。それに対して、「私はもともと金融機関にいましたが、今から農業をやろうと思っています。数字上こういうふうな計算で……」と、5か年ビジョンや10か年ビジョンなどの事業計画をドンと提出してくれる人なら、ぜひ会ってみたいということになります。

次のように具体的で明確な戦略を示さなければならないということです。

私は、まず最初は、農業経験者と提携して技術提供してもらいます。

⇐

その技術提供者を3人プロデュースして、3年後には1人ひとりに3000万円の農場を担当させます。

⇐

農地を斡旋してくれるのは地域の有力者Aさんという人です。その人とはもうパイプがつながっています。

⇐

つくったものの売り先はどことどこで、こういう契約ですので、売上げはこれだけ見込めますから、返済はこんなかたちで行います……。

こうした交渉は、ヒト、モノ、カネ、情報、時間を明確に示すという点で、一般の会社で社長に新規プロジェクトを提案するときとまったく同じです。提案してみて、金融機関の担当者から不備を指摘されたら、甘かった点を見直していけばいいのです。

一般の会社で上司とやりとりしているプロセスとまったく同じですから、それほど難しいことではないでしょう。

売上げ1億円の達成法6 農業ファンドを利用する

最近は「農業ファンド」「アグリファンド」という言葉もよく耳にします。

農業ファンドとは、農業関連企業の株式で運用する投資信託のことで、肥料や種子を生産したり、大規模農場を運営したり、農業機械や灌漑（かんがい）設備等を製造・販売したりする企業などが、主な投資対象となっています。日本でも農作物の販売先であるスーパー、食品メーカー・小売り、外食、地元建設会社などがファンドをつくる動きを活発化させています。先に事例で紹介した「松山ハーブ農園」の松山社長は、こうしたファンドをうまく活用しています。

こうした動きを国も後押ししており、２０１８年には「農業法人投資育成制度」もスタートさせています。

具体的には、日本政策金融公庫が「農業法人に対する投資の円滑化に関する特別措置法」（投資円滑化法）にもとづき、〝農業法人の株式等の取得及び経営指導等を行う事業（農業法人投資育成事業）を行う投資主体（株式会社または投資事業有限責任組合）〟に対する出資を行っています。

この出資が受けられるのは、投資事業有限責任組合等を設立して、農業法人投資育成事業に関する計画について、農林水産大臣の承認を受けた民間金融機関です。つまり民間企業は、日本政策金融公庫の出資を受けることで、投資リスクを分散して農業法人に出資することが可能となっているのです。

この制度を使って、２０１８年4月1日現在、次のような投資ファンド会社が設立されています（〔　〕内は、日本政策金融公庫以外の出資者）。

①アグリビジネス投資育成株式会社〔全国農業協同組合連合会、全国共済農業協同

組合連合会、農林中央金庫、全国農業協同組合中央会〕

②北洋農業応援ファンド投資事業有限責任組合〔北洋銀行〕

③いわぎん農業法人投資事業有限責任組合〔岩手銀行〕

④荘銀あぐり応援ファンド投資事業有限責任組合〔荘内銀行〕

⑤とちぎん農業法人投資事業有限責任組合〔栃木銀行〕

⑥ほくりくアグリ育成ファンド投資事業有限責任組合〔北陸銀行〕

⑦さんぎん農業法人投資事業有限責任組合〔第三銀行〕

⑧ちゅうぎん農業ファンド投資事業有限責任組合〔中国銀行〕

⑨いよエバーグリーン農業応援ファンド投資事業有限責任組合〔伊予銀行〕

⑩えひめアグリファンド投資事業有限責任組合〔愛媛銀行〕

⑪ＦＦＧ農業法人成長支援投資事業有限責任組合〔福岡銀行〕

⑫ＫＦＧアグリ投資事業有限責任組合〔肥後銀行、鹿児島銀行〕

⑬おおいた農業法人育成ファンド投資事業有限責任組合〔大分銀行〕

⑭信用組合共同農業未来投資事業有限責任組合〔北央信用組合、秋田県信用組合、いわき信用組合、あかぎ信用組合、君津信用組合、第一勧業信用組合、糸魚川信

用組合、都留信用組合、笠岡信用組合〕

ちなみに近年、中小企業庁が安倍政権が推進する「働き方改革」に呼応するかたちで、中小企業・小規模事業者向けの支援を始めています。

その中にこれまでは農業というカテゴリーがなかったのですが、最近は中小企業庁の助成や補助の中に「農業サービス」も加わるようになっています。いわゆる「商工業と農業のボーダーレス化」が進んでいるのです。

特に注意して見ていただきたいのが、金融機関や商工会が主催する農業イベントです。最近では銀行が農業者とマーケットをつなぐ「ビジネスマッチング商談会」を主催・後援したり、商工会議所が「農業参入セミナー」をいたるところで開催したりしています。

そういう意味では、そちらの方面からアプローチする、というのも一つの手と言えそうです。インターネットで情報を探してみるといいでしょう。

農業ビジネスを始めるにあたっては、前述したようにできるだけリスクを減らす「シェアリング・エコノミー」の発想で事業をスタートさせる道と、ここで説明したように、最初からファンドなどを活用してビッグビジネスに挑戦する道があるということです。

そして、実際に融資が決まり、人も集め、事業がスタートしたら、あとはもうＰＤＣＡ（計画：plan、実行：do、評価：check、改善：act）のサイクルを回すしかありません。

自分は１億円を売り上げたいんだと思ったら、それだけの取引をしてくれる相手を探さなければなりません。１社で無理なら、１０００万円の取引をしてくれる10社を探せばいいのです。

もちろん、事業をスタートさせても、すべてがスムーズに運ぶわけではありません。いろいろ改善すべきところが出てきますから、３か月ごと、６か月ごとの計画を立て、毎月の月次決算を見ながら、それらの問題解決を図っていかなければなりません。

しかし、それを一歩一歩クリアしていけば、必ず富士山の頂上に立てるのです。

売上げ1億円の達成法7
自分自身をブランド化せよ

私が、ある岡山の会社をお手伝いしていたときのことです。農業に参入したいということで相談に伺いました。その会社は、建設業を中心にいくつもの事業を展開している会社でしたが、私は社長に「今、農業ビジネスは大きなチャンスがあり、伸びていますよ」と説明していました。

すると、二度目に行ったとき、社長が「山下さん。実はね、うちは農業事業をまだ始めてもいないのに注文が来ました」と言うのです。

どうやら、その会社が農業ビジネスを始めるという噂を聞きつけた流通会社が、さっそく「農業を始められるのでしたら、ぜひうちと取引を」と申し出てきたらしいのです。

結局、その建設会社には〝信用＝ブランド力〟がありますから、まだキャベツをつくったこと、トマトをつくったことがないにもかかわらず、やる気になったらしいという噂だけで「ぜひ組みたい」という話になったのです。

つまり、青果業界ではすでに青田買い（生産者の囲い込み）が始まっているのです。

この話は「あなた自身をブランド化せよ」という話につながります。自分の信用力を高めるには、とにかく実績を上げることが必要です。

「私は農業会社で3年間働きましたが、その間にこういうプロジェクトを成功させました」「2億円しかなかった売上げを3年間で5億円にしました」と言える結果を残さなければならないということです。それが、農業界におけるブランドです。

繰り返しますが、金融機関が求めているのは、おいしい野菜をつくる能力ではありません。野菜づくりに興味があろうが、誰にも負けない農業技術をもっていようが、今は評価の対象にはなりません。

金融機関が欲しいのは、あなたが金を返す能力があるかどうかです。つまり利益を上げる能力があるかです。そしてその能力は、これまでの実績によって判定されます。ほんとうの能力があると判断されれば、仮に金融機関の融資は下りなかったとしても、ファンドなら出資してくれる可能性が高まります。ファンドは投資ですから、可能性に対して出資します。今はそういう選択肢もありだし、むしろそちらのほうが早いかもしれません。つまり、農業ビジネスを始める方法としては、次の3つの方法があるということです。

①シェアの精神と地道なルートを使って、ローコストで始める堅実路線（もちろん時間はかかるかもしれませんが、ある意味で確実な路線）
②金融機関に自分のキャリアと実績、および数値データによる償還計画を見せつけるロジック路線
③自分のこれからのビジョンと可能性、さらにイノベーターとしての役割を語って、新たな可能性に対してファンドに投資してもらう情熱路線

この3つのうちどの道を選ぶかは、あなた次第と言えます。

作物をつくらないという新農業ビジネス

ここまで、「新農業ビジネス」についていろいろと説明してきましたが、ここで「私が提案しているようなかたちが農業ビジネスのすべてではない」ということを強調しておきたいと思います。農業ビジネスの世界は、もっともっと広大なものだからです。

これまでの農業は、農作物をつくるだけのものでしたが、別に農業者が売ってもい

いじゃないかということになり、さらにつくるのは人にまかせて、売って儲けるというビジネスもできあがってきました。

それは最近の言葉で言うと、「オープンイノベーション」の世界です。全然関係のない部署の人たちが集まって、ワイワイガヤガヤとやっているうちに、新しい農業ビジネスのかたちが誕生してきたのです。

こうした流れは、今後ますます大きなうねりとなっていくでしょう。そして、その中からまだ誰も気づいていないような農業ビジネスが生まれてくるはずです。

たとえば最近、「ファブレス経営」という言葉をよく耳にするでしょう。

生産設備をもたずに製品の生産をすべて外部の会社に委託する製造業での経営方式のことで、シリコンバレーで生まれたビジネスモデルです。

技術の進化速度の速いＩＴ関連の産業では、製品のライフサイクルが非常に短いので、市場のニーズの変化にいち早く対応し、すばやい経営戦略をとるために、資本力がないベンチャー企業などが市場に新規参入する際、あえて生産施設はもたないという選択をするのです。

その発想でいけば、〝農業生産にまったくかかわらない農業ビジネスもあり得る〟

でしょう。

実際、すでに農業版ファブレス経営でビジネスを開始した会社があります。2016年11月に熊本県熊本市西区に設立された「株式会社 ビタミン・カラー」という会社です。

社長の松崎光紀さんは、もともと流通業にいた方で、農業経験はありませんでした。同社の事業内容は「農業物の卸・販売、農産業インフラの提供等」です。「農作物の生産」という文言はどこにも出てきませんし、実際、生産にはまったくかかわりません。

生産委託契約を締結した契約農家に、種苗・資材などを提供し、生産施設なども貸与して、収穫した農作物を集めて同社工場で選果・袋詰めをして販売するというビジネススタイルです。つまり、農業商社と言えばわかりやすいでしょう。

ちなみに同社が提供する生産施設は、自然光、水、風などの自然エネルギーをバランスよく制御することで、できるだけ電気を使わずに作物周辺の温度、湿度などの環境をバランスよく整えるというシステム（パナソニック製の「パッシブハウス型農業システム」）です。省力化・コスト削減を可能にしているばかりか、通常、温暖地では夏場に栽培できないとされる、ほうれん草などを1年中栽培できるのが売りです。

同社には、２０１６年の熊本地震で被災した事業者のうち、復興に資する事業者に必要資金の提供や人的支援を行うために設立された「九州広域復興支援ファンド」も出資しています。

まだまだ広がる農業ビジネスの世界

オブザーバー的な立ち位置で農業ビジネスにかかわっていくという道も、どんどん広がっていくでしょう。

たとえば、自分は営業が得意だという人が、営業が苦手な農家に代わって営業や売り込みをするというビジネスもありでしょう。名づけて「フリーランスの農業ビジネス営業マン」です。

実際私も、「商談会があるが、時間もないし、行ってもどうしていいかわからない」という人に頼まれて、商談会に行くことがあります。

「山下さん、商談会に行ってきてくれない？」

「うちの商品、これなんだけど、自分ではうまく説明できないんだよね。山下さん、これ、うまいことキャッチコピーつけて、売ってきて！」

「今、大根つくっているんだけど、ほかに何か売れるものないかな。山下さん、お客さんに聞いてきてくれない？」

こうなればもう、コピーライターであり、プロモーターであり、マーケットリサーチャーです。「農業の営業代行いたします」と看板を立てたら、死ぬほど注文がくるかもしれません。

あるいは、農業の経理事務も狙い目でしょう。経理担当の事務員を雇うほどの余裕がない個人農家や農業会社の経理事務を請け負うフリーランスの仕事も、十分に成り立つ余地があります。

また、金融機関との話が苦手な人のために、金融機関出身者が、農業財務コンサルタントもしくはアドバイザーという肩書きで仕事をすれば、けっこう仕事があるはずです。

まだまだあります。

「うちはほうれん草を袋に詰めて出荷しているんだけど、袋のデザインがちょっとおもしろくないんだよね」という人もいます。そんな人のために、農産物専用デザイナーという仕事も考えられます。

また「取引先のスーパーマーケットから、消費者に生産者の顔が見えるようにしたいからホームページをつくってくれと頼まれた。大至急つくってほしい」という人のための、農家さん専用のホームページ制作業も仕事になるでしょう。

「うちは農家で息子がいるんだけど、息子が世間を見たことがないから、ちょっと教育してほしいんだよね」「うちでこの前、従業員を雇ったんだけど、その人を教育してほしいんだよね」という声もあります。そこで、農業用人材の育成を引き受けるというビジネスも出てきます。

実は、私が経営している「農テラス」でも、そうした人材育成のお手伝いをしているのですが、先日は「山下さん、うちの商品を輸出したいんだけど、どうすればいいのかな?」という相談もありました。

これには私も、さすがにすぐには応えられず、輸出業務を委託できる業者を紹介するにとどめました。しかし、これからは農業者の海外研修や、海外商談会に行くためのプロデュースを専門にする海外プロモーションアテンドなどといったビジネスも登場してくるでしょう。

ここに挙げた仕事は、世の中にまだない仕事ばかりですが、すべて、あなたが今やっている仕事の延長線上にある仕事です。

たとえば運送業で働いている人なら、農業者専用の運送業を構想してみてもいいでしょう。あるいは医療機関で働いている人なら、農業用医療機関もしくは医療と農業、農業と福祉みたいなビジネスを考えてみてはどうでしょう。

自分のやっている仕事の上に、農業用と付けた瞬間に、すべて新ビジネスとなり、全部キャッシュ（収入）に結びつくのです。

農業界で「先行者利益」をつかめ！

日本の農業は、ここまで書いてきたように、まさに「オープンイノベーション」の時代に突入しています。その中で、みずからは農業をしないで農業に携わるというビジネススタイルまで登場していることも紹介しました。

ちょっと前まで、日本の農業界ではそんなことは禁じ手でした。「無礼者！　自分で畑も耕さず、農家のふりをしているなんて、許されると思うのか」と、つまはじきにされていたでしょう。

しかし農地法が変わって、農業界も変わらざるを得なくなりました。農家以外が農地をもてるようになって、他業種から農業に参入してくる人が増え、逆に農業者が流通にまで手を広げるようにもなっています。

またそうした動きと同時に、農業を中心としたさまざまなニュービジネスが生まれつつあることは、ここまで書いてきた通りです。しばらくは模索状態が続く部分も多いと思いますが、次々と新しい業態が出てくることで農業ビジネスの幅が広がり、日本の農業界がこれまで以上にパワフルになることは間違いありません。

そもそも日本における農林水産業を俯瞰（ふかん）したとき、林業界、水産業界に比べ、農業界の変革は一歩遅れています。

たとえば林業の産出額は９０００億円ですが、それに対して林業従事者は9万人まで減少しています。林業に携わる人が減っているのは問題ですが、１人あたりの産出額は確実に増加しています。

それは水産業でも同じです。現在の水産業の産出額は1兆６０００億円。それに対して従事者は16万人ですから、１人あたり１０００万円を稼ぎ出す計算となり、確実に儲かっています。

一方、農業の産出額は8兆円ほどで安定している中、従業人口がどんどん減少しています。つまり、1人あたりの産出額は増加しており、農業で1000万円稼げる時代が着実に近づいているということです。

そして1人あたりの産出額が増えると、前述したように営業代行しようとか、接客を代行しようとか、あるいはリサーチを代行したり、事務を代行したりというふうに、どんどん仕事のバリエーションが増えていきます。

これまで、農家が1人で生産して、販売から営業まで行い、さらに財務や経理まで行っていた〝セルフ生産体制〟のかたちが崩れ、分業化が進んでいくのです。

その分業化された先が、すべてビジネスとして成立するようになっていきます。

セルフ生産を日本語に直すと「家内工業」です。その家内工業が組織工業に変わった瞬間が、いわゆる「産業革命」でした。

日本における本格的な産業革命は、明治維新以降の富国強兵にともなう富岡製糸場の成立に始まったとされます。それまでは、糸を紡ぐ作業に始まる工程のすべてを、1人の人間が担っていたのに対し、工程を分けて効率化することで大量生産が可能となったのです。

そうして軽工業に始まった日本の産業革命は、その後、重工業にも及び、日本経済はおおいに発展して、世界の列強と並ぶまでになっていきました。

それから長い年月が流れ、今、農業界でも同じことが起きようとしています。つまり、分業化です。

第一次産業である農林水産業のうち、林業、水産業ではすでに変革が始まっていることは前述しました。遅れて始まった農業の分業化は、林業や水産業よりはるかに速いスピードで進むことになるでしょう。

なぜなら、農業の経済規模が林業や水産業より大きいからです。

たとえば大型タンカーは巨大であるがゆえになかなか進路を変えることができませんが、いったん方向が定まると一気にスピードを上げ、力強く前に進み始めます。農業界もそれと同じです。

農業は日本の基幹産業と呼ばれる大きな存在だったがゆえに、方向転換するのに時間がかかっていましたが、今、まさに進むべき進路に踏み出そうとしています。そしてその進路に乗ったが最後、もう止まることはありません。再編へと向かって突き進むのは間違いありません。

問題は、この潮流にいかに乗るかということです。分業化が進むということは、それぞれの世界に儲けのチャンスが転がっているということです。そのチャンスをどれだけ早くつかむかで、結果は大きく変わってきます。

「先行者利益」という言葉があります。「先発優位」とも呼ばれますが、新たな市場にいち早く参入したり、新製品をいち早く投入することによって得られるメリット（利得）のことです。

かいつまんで言うと、新しいビジネスを始めるにあたり、競合他社に先んじていち早く顧客を獲得することで、「参入障壁」を築けたり、価格競争をせずに比較的高い価格で販売できたりしますし、その後の展開でも規格面や技術面などで主導権を握れるなど、多くのメリットがある、ということです。

農業界には今、まさにそんな先行者利益を手にするチャンスがごろごろ転がっています。それを知って、「よし、それなら自分も！」と、農業を知るために勉強を始める人が年々増えています。

ただし、真面目な人ほど農業のすべてを知ってプロフェッショナルになりたがるのが問題です。もちろん、農業をビジネスにするうえで、種蒔きから出荷に至るまでのプロセスを知ることは大切です。しかし私は、そのすべてにおいてプロフェッショナルになる必要はないと思っています。

プロセスを知るのは、あくまで農業ビジネスを考えるための道標を自分のものとするためにすぎません。分業化されていくプロセスの中で、自分に合ったビジネスチャンスを見つけるための手段にすぎないということを、肝に銘じてほしいと思います。

さてここまで、自分で農業会社を立ち上げて成功するまでの道筋を示しましたが、第5章では、今後、農業ビジネスの中核を担うことになるであろう「農業コンサルタント」として成功するための方法を説明することにしましょう。

第5章

めざせ!
農業コンサルタント

求められている農業コンサルタント

ここまで本書を読んでくれた方は、もう気づいていると思います。

「なんだ⁉ 農業界って、これまで思っていたのとはかなり違うぞ。日本の農業は、これからどんどん変わっていきそうだ。なんだか、大きなチャンスがありそうだな」と。

そう感じてくれた人は、それぞれの立場で、プレーヤーとして農業に参入するもよし、マネージャーとしてプロデュースするもよし、自分のスキルを活かして農業リンクビジネスを始めるもよし、ということです。

しかし第5章では、あえて、そんなことはすべてすっ飛ばして、「農業コンサルタントをめざそう」という話をしたいと思います。

「エッ、種も蒔いたことないのに、いきなり農業コンサルタントなんて、できるわけがないじゃないか」と思うかもしれません。

しかし農業界には、まったく農業経験のない人でも〝あなたが今もっているスキル〟を活かせる分野がいくらでもあるのです。

農家の人に、「私は農業はしたことがありませんが、農業コンサルタントをしています」なんて言おうものなら、「バカヤロー！　俺は30年も50年も農業をやってきたプロだ。今さら素人に教わることなんぞない。一昨日来やがれ！」と言われるかもしれません。

しかし、新農業の時代に移り変わりつつある今、農業の現場では、困ったり、迷ったりしている人が増えています。あるいはいろいろな情報に触れる機会もないまま、新たなチャンスに気づいていない人も少なくないのです。

そんな人に対して、「私が、自分の得意な分野であなたをサポートしますよ」ということがあってもいいのではないかと思うのです。

もちろん、これまでも農家をサポートする人がいなかったわけではありません。たとえば農協の営農指導員がその役割を担っていましたし、地方自治体にも農業普及員がいました。その人たちが農業技術を教えるというのが、これまでの日本農業界のスタイルだったのです。

しかし、これからどんどん伸びていく新農業ビジネスの世界で求められているのは、野菜のつくり方とか病害虫の防ぎ方などの、いわゆる「農業技術」の話だけではありません。

それ以外の部分、たとえば「お客さんといかにマッチングしていくか」「スーパーマーケットなどの流通業者との商談をどう進めていくか」、あるいは「物流業者と交渉して、少しでも安く自分の商品を運んでもらうにはどうしたらいいか」など、これまでになかった部分をサポートしてくれる人が必要になっているのです。

しかし今、昔からの農業のやり方について教えてくれる人（これまでの農業のやり方を変えるなという人）はいても、新農業ビジネスについて教えてくれる農業コンサルタントはほとんどゼロと言ってもいい状態です。新農業ビジネスは始まったばかりですから、それも当然なのですが、私はそこに大きな危機意識をもっています。

どういうことか説明しましょう。

今、新農業に挑戦しようとしている人たちは、たとえて言えば、新しくできた少年野球チームの選手のような存在です。その中で優秀な選手を育てていくには、いいコーチが必要ですが、そのコーチが旧時代のプロ野球の選手上がりである必要はありません。むしろ、まったく違った世界で生きてきた人のほうが、新しい時代に合った指導ができますし、チームを新しいスタイルに導くことができるものです。

これからはさまざまな分野で経験を積んだ人たちが、新農業をめざす少年野球チームのコーチとして、少年たちをサポートして新農業というプロの世界に送り出し、新時代にふさわしいコーチ・監督に育てていかなければなりません。またそうしなければ、日本の農業は旧時代のままで終わってしまうことにもなりかねないのです。

だからこそ、新農業をサポートするコーチとして、農業コンサルタントが必要なのです。

では、どんな人が農業コンサルタントに向いているのでしょうか？

ズバリ、言いましょう。社会人として、ビジネスマンとして、きちんとスキルを身につけている人なら、誰でもＯＫです。

野菜のつくり方を何も知らなくても、トラクターの動かし方を知らなくてもいいのです。一般の会社で当たり前とされるスキルがきちんと身についている人なら、自分の得意とする分野で新農業をサポートできますし、それが求められる時代になってきました。

だから私は、「あなたが今もっているスキルで、コンサルタントとして農業をサポートできる。どんどん農業コンサルタントをめざそう」と、声を大にしているのです。

数年のうちにやってくる農業コンサルタントの時代

「山下さん、ほんとうに農業コンサルタントが活躍する時代になるの？」とよく聞かれますが、私は自信をもって、そうなっていくと断言します。

それも何年も先のことではありません。みなさんが本書で得られた理念を伝えることも、その動きを加速させるでしょう。そして数年のうちに、農業コンサルタントが広く社会で認知されるようになっていきます。

そうなったときには、ＩＴ技術で農業をサポートしている人もいれば、外国人労働者の通訳としてサポートしている人もいるでしょう。あるいは新農業人を教育する役割を担う人もいるでしょう。とにかく、なにもかも今から始まるのですから、営業をやっている人、商業をやっている人、デザインをやっている人、サービス業に就いている人、製造業に就いている人など、とにかくすべてのスキルが求められることになります。

だから私は、新農業にチャレンジしようと思うなら、最終的には農業コンサルタントになるつもりで、第4章までに説明してきたコースを全力で駆け抜けてほしいと思います。

たとえば「3年後には農業コンサルタントになるぞ」と決めて、まずは農業会社に就職して、「自分が体験し学んだことは、すべて第三者に伝えるんだ」という気持ちで学びます。本質を理解していないと第三者に伝えることはできませんから、まずそれを前提にするのです。それを習慣づければ、確実に農業コンサルタントとして活躍するための基礎力を身につけられます。

これからは、農業コンサルタントが花形の仕事になる!

ますます進化する農業ビジネス

今、日本に農業会社がおよそ2万社あることは前述しました。その農業会社が5万社くらいにまで増えたとき、前述したような農業の分業化が一気に進むことになるでしょう。そこで必要となるのが、それぞれの分野に特化したプロフェッショナルです。

そもそも、新農業では「シェアリング・エコノミー」という発想が必要だということも前述しました。

新規で〝つくる農業〟を始めるとなると、「一から十まで自分でやります」となり、トラクターももたなくてはならない、田植機ももたなくてはならない、農地ももたなければならないということになります。そのため、かなりの初期投資がかかることもすでに説明しました。

そこで、みんなでシェアしようという話になります。

たとえば1台のトラクターを10人でシェアすれば、グッとコストが下がります。あるいは「トラクターだけではなく、スタッフもシェアしましょう」ということにすれば、効率化も図れますし、利益が上がることでスタッフもより多くの報酬を得られるようになるでしょう。

農地のシェアもあり得ます。

「あなたは夏は田んぼを使っているけど、冬は使っていないでしょ。それなら冬場はうちに貸しませんか？」ということも考えられます。

さらに取引先のシェアだって起きるでしょう。

「今、あなたはA社にキャベツを出しているでしょ。私はほうれん草をやっているけど、A社を私とシェアしない？　一方、私はB社にほうれん草を送っているけど、そのB社を私とシェアして、あなたもB社にキャベツを出せばいいんじゃない？」というわけです。

それがうまくいけば、A社にとってもB社にとっても窓口は一つでよくなりますから、ウェルカムの世界です。

しかし実は、こうしたシェアリング・エコノミーを実現するのはなかなかたいへんです。それぞれの利害関係を調整して、信頼関係を築かないと話は成立しません。その橋渡しは、とても片手間でできるようなことではないのです。

そこに、農業ビジネスコンサルタントの需要が生まれます。

実は前述した例は、すでに私のところに相談があった事例のごく一部です。実現するまでには、それなりに時間も手間もかかりましたが、いずれも成功して、感謝されていますし、それ以外にもさまざまな相談が舞い込んできます。

私が「これからは農業コンサルタントが活躍する時代だ」と声を大にしている理由はそこにあります。

悲劇を防ぐのも農業コンサルタントの役割

新農業には、野菜をつくる商売だけではなく、さまざまなビジネスがゴロゴロしていることは、ここまでにしつこく説明してきました。しかし、農業ビジネスと聞いたとき、一般的な人が最初に発想するのが農作物を加工することです。

たとえば「トマトを大量につくって、余ったらトマトをすりつぶしてジュースにして売ればいいじゃないか」という発想で、それが農業ビジネスだと思っています。実際、行政も「農業所得を上げるために一次加工、二次加工を！」と提唱しています。

しかし、農業コンサルタントである〝「農テラス」の山下〟に言わせれば、「それは絶対にやっちゃいけない。間違いなんだ！　まったく違うんだ」ということになります。

それはなぜか……。そもそも、そんなものは誰も欲しがっていないからです。「おいしいトマトジュースをつくりました」と言っても、それは本人がおいしいと思っているだけで、生産者のひとりよがりにすぎません。

消費者にしてみれば、「それで？」「ほかの飲料とどこが違うの」ということになります。結果、思うように売れず、大量につくった商品が在庫になるばかりです。つまりは〝お客さんアプリ〟がダウンロードされていない人のやることだということです。

誰か（たとえば大手の流通業者）から、しっかりとした商品提案を示されたうえで、「こういう条件、こういうコンセプトで、このようなターゲットを狙ったおいしいトマトジュースをつくってくれませんか」と具体的にオファーでもされない限り、手を出してはいけないのです。

「ポンジュース」で知られる「株式会社　えひめ飲料」は、もともと農協が主体となって商品をつくり、成功しているじゃないかとよく言われますが、あれは愛媛の農家が頑張ってつくったということに加え、大量生産だから成り立っている話です。

ポンジュースは1本（1リットル）380円程度で販売されていますが、新規の農業会社が1000本つくった程度では、とてもその値段で販売することはできません。おそらく、倍以上の値段をつけなければ採算が合いません。

そんな値段ではとても売れないでしょう。農業会社が頑張ってトマトジュースや野菜ジュースをつくっても、カゴメのトマトジュースや伊藤園の野菜ジュースに勝てないのも同じ理由です。

厳しい言い方をすると、農業生産者が自分たちの都合でつくった商品は、決して成功しないということです。

それでも、補助金をもらって勝負しようという人がいるかもしれません。しかし、モノづくり、二次加工に対して出る補助金は大した額ではありません。

仮に100万円くらいの補助金を受けることができて、設備を整え、とりあえず瓶ジュースを100本つくって、スーパーマーケットや、道の駅に卸して採算ギリギリの300円で売ったとしましょう。

最初はもの珍しさもあって売れるかもしれません。すると追加注文が来ます。そこで喜んで、今度は補助金なしで１００本、２００本と増産していきます。

しかし、その頃にはもう飽きられて、だんだん見向きもされなくなります。残るのは急激に増える在庫の山です。そして、そのあたりで大幅に赤字となって、生産中止に追い込まれてしまうのです。そんな例は、全国いたるところに転がっています。

私のところにも、「こんな商品をつくって販売したいのですが」という人がよくいらっしゃいます。まあ、飲んでみるとそれなりにおいしいんです。

これが高度経済成長期以前のモノがない時代だったら、まだ売れたかもしれません。しかし、今はモノの有り余る飽和状態で、コンビニだけで6万店もある時代です。そこに、大企業に対抗してどれだけ市場に入れるというのでしょうか。まさに血で血を洗う「レッド・オーシャン」の世界にみずから飛び込むようなものです。

それを助長しているのが、たとえば農林水産省の政策だったりするから、さらにやっかいです。

農林水産省は、第一次産業である農林水産業を活性化させるためとして、「農林水産物の生産だけにとどまらず、それを原材料とした加工食品の製造・販売や観光農園のような地域資源を生かしたサービスなど、第二次産業や第三次産業にまで踏み込むこと」を推奨しています。経営を多角化して「第六次産業」になりなさいというわけです。

その方向性は間違っていませんし、まさに新農業がめざすべき方向性です。しかし、ほんとうの意味で「第六次産業」がどんなものか見えていないのです。

そのため、行政側が前述したような安易なものづくり（六次化）を提案したり、融資を行ったりした結果、農家が失敗する例も少なくないことを肝に銘じておくべきでしょう。

知るべきは「ランチェスターの法則」

新事業に乗り出すにあたっては「ランチェスターの法則」を知っておくべきです。

この法則は、もともと第一次世界大戦の戦訓から導き出された理論ですが、「強者はとにかく大きな経営資源を投入して、市場を支配してしまえばいいのに対して、弱者は差別化の戦略で、強者が目を向けないニッチ市場や細分化した市場において独自のブランドを築かなければ、勝てない」というものです。

このランチェスターの法則に照らしてみても、自分がつくった商品をカゴメや伊藤園が戦っている戦場に持っていっても、勝てないことは明らかでしょう。

ビジネスの王道は、勝てる戦いに徹することです。

広い海の中にいる小さな魚は、大きな魚に勝たないとエサにはありつけません。それはなかなか難しいことです。それなら、小さくてもいいから、自分以外は誰もいない池を探すことです。そこなら絶対に生きていけます。

都会に住んでいる人にはわからないと思いますが、地方に行くと、ラーメン屋がポツンと1軒あって、それが結構繁盛していたりします。そりゃそうですよ。その地域にはそこしかラーメン屋がないのですから。それと同じで、「これをつくっているのはウチしかない！　ほかでは売っていない」という商品を開発してはじめて、勝負になるということです。

今ならインターネットを利用すれば、それが可能です。

たとえば、こだわり抜いた商品を30本限定で売るのです。インターネットの世界には、価値があると思えば、多少金額が高くても買ってくれる人がいます。

私は以前、赤茄子という地域の伝統野菜を代官山のレストランに供給していましたが、有名なシェフが気に入って、1本300円で仕入れてくれていました。ふつうナスなんて1本30円です。でも、「山下さん、本当に1本300円でいいんですか？」と言って買ってくれていました。私の赤茄子に300円以上の価値を見出してくれていたのです。

そういうかたちで地道に価値を磨いて、ちゃんと相手に伝える努力をするならOKです。しかしそのような努力を怠って、最初から大企業と戦うような無茶をしてはいけません。

話が少しずれてしまいましたが、これからの農業界には、そんな苦言も呈してくれるコンサルタントの存在がますます必要になるということです。

くり返しになりますが、私は、農業会社でマネージャーとしての能力をある程度まで身につけた人には、「もうひと踏ん張りして、農業コンサルタントをめざしてほしい」と思っています。それでこそ、ほんとうの新農業時代がスタートすると思っているからです。

求められるＩＣＴとＩｏＴの基礎知識

「山下さん、これからの農業ビジネスはＩＣＴでしょう？」

「ＩｏＴの時代でしょう？」

これはもう、3日に1回くらいは聞く質問です。答えは「まさにその通り！」です。これからはもう、ＩＣＴ（情報通信技術）とＩｏＴ（モノのネットワーク）抜きで農業ビジネスを語ることはできないでしょう。

今、政府は「働き方改革」を強力に推し進めようとしていますが、その背景には絶対的な労働力の不足があります。

農業界においても、実際に農作業を行うプレーヤーをいかに確保するかが目の前の大きな課題です。この問題を打開するには、ＩＣＴ、ＩｏＴを進めていくしかありません。

中には、「日本の農業にＩＣＴ、ＩｏＴなんて必要ないよ」と言う人もいます。

確かに、これまでのような個人農家主体の農業ならあまり関係のない話です。あくまで〝マイセルフ〟の農業をしていればよかったのですから。

しかしこれからは、第三者と組んで、チームで農業をしていく時代となっていきます。そうなったときには、すでに一般の会社がそうであるように〝情報の共有〟が不可欠なものとなります。

組織的な農業、大規模農業を実践していくとき、情報の一元管理が追いつかなくなるからです。

これまでは個人の目の届く範囲でやっていればよかったけれども、もうそうはいかなくなるわけです。まして、それがトラクターの稼働とリンクしたり、お客さんの発注とリンクしたりするようになると、ＩＣＴやＩｏＴの知識はなくてはならない時代がやってきます。せめて、基礎知識だけは身につけておきたいところです。

高まるエンジニアの使命

新農業ビジネスの最終的なモデルの一つは、農業作業の自動化であり、無人化です。それを実現するには、メカニックやエンジニアがもっと農業分野に進出してくれることが望まれます。

実際、トラクターの自動運転も実用化直前と言われていますし、ドローンなどもより積極的に活用されるようになるでしょう。

たとえば今、農場を見て回るのに1か所1時間かかるとすると、10か所見て回るだけで10時間かかります。それがドローンに代われば、2～3時間で終わるようになるでしょう。それは大きなコストカットにつながります。なにしろ、人を雇えば年間400万円かかるところが、ドローン1台の維持・管理代だけですむようになるのですから。

そうした背景をふまえて、大手企業も農業ソリューション部門などを立ち上げて、農作業用機械の開発に乗り出しています。ところが、そのときソリューション部門担当者が間違った動きをしてしまうのです。

上司から「農業の現場で何に困っているか聞いてこい」と命じられた担当者は、農家の人の役に立ちたいと張り切って、農家に行っておじいさんに質問します。

「どんなことに困っていますか？」

「重いモノを持ち上げるのがたいへんじゃ」

それを聞いた担当者は会社に帰って、「農業用のアシストスーツをつくりましょう」と提案します。そして、でき上がった試作品をもって、再び農家を訪ねます。

「作業が楽になるアシストスーツをつくってきました。おじいちゃん、いかがでしょう?」

「うん、楽になったよ。これいくらだ?」

「80万円です」

「そりゃ買えんな」

一生懸命に開発しても、結局、なんの解決にもなっていないのです。それが現状です。

確かに、高齢者にとって重いものを持ち上げるのはたいへんです。もうすでに、重量物を持ち上げる際に、内蔵したセンサーで人の動きを感知して、体の動きに合わせて両腰部のモーターを回転させ、腰への負担を軽減する電動のアシストスーツも開発されていますから、それを農作業用にバージョンアップすれば売れそうな気もします。しかし、それがほんとうに農家に必要かというと、必ずしもそうではないのです。

こうしたミスマッチは、新たなイノベーションが生まれるときにしばしば見られることです。

たとえば、今や生活になくてはならないものとなっている自動車ですが、ヘンリー・フォードが１９００年代初頭にフォード社を立ち上げた時代に、人々が求めていたのは自動車ではなく、〝もっと速く走る馬車〟でした。そもそも大衆は、自動車がどんなものか知らなかったのですから、それも当然のことでしょう。しかしフォードは、自動車を大量生産して安価で売り出せば、絶対に成功すると考えたわけです。

つまり、消費者に話を聞くのもいいけれど、それだけではほんとうに必要とされているもの、つまり、お金を払ってでも手に入れたいものはつくれない、ということを知っていたわけです。

前述のアシストスーツは、農業用としては失敗例の典型です。そもそも、農業における省力化はすでにかなりのところまで進んでいます。耕運機やトラクターの登場で、鍬(くわ)で耕していた時代には３日かかっていたような畑を、わずか３時間で耕せるように、もうなっています。

こうした農業の機械化は１９３５年くらいから始まりましたが、今ではヤンマーとクボタのカタログを見れば、ズラリと農業機械が揃っていて、お金さえ出せばすべての作業を機械でできるようになっています。たとえば田植えだって、人が１回も泥に触れることなく、ひとりでこなせます。

そんな中で、おじいさんに言われたからといって、農業用アシストスーツを開発したところで大きな需要は見込めないのです（他の業種、たとえば物流会社や、介護ビジネスの現場などでは重宝されています）。

では農業界全体の今後を見たときに必要なものは？　それは農作業の自動化です。

今は、自動化がいちばんお金になります。政府も「トラクターなどの農機が自動で農地を耕す自動走行を、2020年までに実用化する」という方針を固めています。

そうした自動化が進むことで、日本の農業の在り方も大きく変わってきます。

たとえば、こういうことです。

かつてサツマイモは手で収穫していました。そこに画期的な芋掘り機が出てきて、10日かかっていた作業が3時間で済むようなりました。いい話です。

しかし、今まで10日かかっていたのが3時間で終わるということは、確かに仕事が楽になったということにはなりますが、話はそこで終わりません。

それなら仕事を30倍できるじゃないかということになって、農地を広げる人が出てきて収穫量が増えていきます。するとと市場におけるサツマイモの価格はだんだん下がっていきます。つまりテクノロジーの進化はモノの価格を下げる方向に働くのです。

その結果、30倍働いても収入はそれほど伸びないということになってしまい、残念ながら農家の首を絞めることになってしまいます。

しかし、日本の農業が大規模化に向かい、どんどん大が小を淘汰する時代に入っていこうとしている今、日本の農業が生き延びるためにさらに自動化へ向かっていくのは必然であり、避けられません。テクノロジーもそれに合わせたものが求められています。

つまり農機具メーカーとしては、大規模化、合理化、システム化のほうを向いて開発したり考えたりしなければならないということです。そうしたシビアな現実を指摘するのも、農業コントルタントの重要な使命になっていくでしょう。

オランダに学ぶ新農業ビジネス

オランダが先進的な農業国であることは知られていますが、それもＩＣＴ、ＩｏＴを活用しているからです。

オランダの国土面積（３万７０００平方キロ）は日本の国土面積（37万７９００平

方キロ）のおよそ10分の１しかありませんが、平坦な土地が多いため、耕地面積は日本の４４５万ヘクタールに対して、オランダの１８４万ヘクタールとおよそ４分の１程度です。

また、総人口に対する農業者人口とその比率は、日本が3・7％で約２９０万人、オランダが2・8％で約15万人ですが、農家1戸あたりの農地面積は日本が2・8ヘクタールに対して、オランダは25・９ヘクタールとなっています。

そのオランダの農業輸出は８６６億ドルと、１位のアメリカの１４４９億ドルにつぐ規模です。日本の農業輸出33億ドルの26倍にも相当します（輸出額の２０１２年の数値）。また、農業就業人口１人あたりの生産額は日本の14倍とも言われています。

オランダ農業の特徴は、自国に強みのある品目に集中している点にあります。たとえばトマト、パプリカ、キュウリなどの施設園芸に特化しているのです。この農業モデルは、オランダが通商国家として発展する過程で培われたものだとされています。17世紀初頭のヨーロッパでは、オランダで栽培されるチューリップがたいへんな人気となり、球根の値段が高騰したあげく、チューリップバブルが発生したほどでした。

そんな歴史をもつだけに、オランダにはもともと農業をビジネスとしてとらえる素地があったのでしょう。1960年代には、空調を備えた農業設備を用意して行う施設園芸が本格的に始められ、政府主導の施設園芸団地の整備もスタート、補助金等も出して、環境制御システム（温室内の気温、湿度、二酸化炭素濃度などの栽培環境を最適化するシステム）の導入も進んでいきました。

とはいえ、その頃までは、まだまだ日本と同じような家族経営による小規模農家が多く、地元の市場に出荷するというスタイルが中心でした。

それが大きく変わり始めたのは、1990年代前半のEU市場統合がきっかけでした。その結果、小売業は10社程度の大手事業者に集約され、農家は大手小売店や大手卸事業者に直接販売するようになりました。

さらに2000年代に入ると、農業法人による農業経営の大型化、高度化が進んでいきました。小売側の安定・大量供給ニーズに応えるためでした。

その結果、現在のオランダの施設園芸農家（露地栽培、牧草地等は含まない）の平均農地面積は、前述したように約3ヘクタールと日本の約10倍の規模となっています。10ヘクタール以上の温室を展開する大型農業法人も次々と出現してきました。

その大型農業法人は、環境制御システムによる施設栽培と、パッキングや輸送などの自動化によって、大幅な人件費削減を実現しています。もはや小規模農家はとても太刀打ちできません。その結果、小規模農家は姿を消していくこととなったのです。

もちろん、日本でそれほど露骨な農業政策がとられることはないでしょう。当面は既存の農家を守りつつ、新農業ビジネスを育てていく方向に進むでしょう。

しかし、既存の農業者の高齢化は急激に進んでいますから、10年以内には新農業者が逆転し、日本の農政も新農業者を中心としたものに代わることは間違いありません。今、日本の政府が「持続・継続できる農業法人を5万社にする」と言っている真意はそこにあります。

さて、ここでもう一つ説明しておきたいのが、オランダの農業における農業コンサルタントの重要性です。

農業コンサルタントは花形商売になる！

オランダでは旧・農業省が経済省に統合され、農業はあくまで産業の一分野として扱われるようになっています。そして農家の保護よりも研究開発を重視して、農業予算の22％が研究開発に投入されています。

その中心となっているのが、農業大学と公的農業試験場を集約して設立された、ワーヘニンゲン大学を中心としたワーヘニンゲンＵＲ（University & Research centre）という組織です。

そこでは民間企業と協力して高度な研究開発を行うと同時に、マネジメント人材（農業コンサルタント）の育成も行い、農業法人がそこで開発された技術を導入する場合には「グリーンＱ」という民間試験場が、農業コンサルタントを導入する場合には「ＤＬＶプラント」という民間農業技術

オランダの大規模農業

コンサルタント会社が、有料で人材を派遣するかたちをとっています。

つまり、オランダは自国の農業を国際環境に合わせて変革する必要に迫られたとき、農家ではなく指導者のレベルをどんどん上げるために税金を投入して、農業の質をレベルアップさせていったわけです。

ちなみに、オランダでは農業コンサルタントは花形の職業とされています。

私がオランダに行ったときには、「農業コンサルタントだ」と名乗っただけで、「すごい！　日本の農業コンサルか」とＶＩＰ扱いされたほどです。

そんな現状を知れば知るほど、私は少しでも多くの人に農業コンサルタントをめざ

オランダのワーヘニンゲン UR を訪ねたときの著者

してほしいと思うようになりました。

私も昨年秋にオランダの農業を見に行きましたが、オランダの大規模農場が成り立つのは、ポーランドやチェコなどからの季節労働者がいるからです。

彼らの中にはオランダ語が通じない人もいて、彼らをハンドリングするためにＩＣチップを持たせています。それぞれの労働者がいつ、どこで、どんな仕事をしているか管理していますし、収穫したものもコンテナ単位でコンピュータ管理しています。

日本にどれくらい外国人労働者が入ってくるかは、これからの問題ですが、日本の農業も今後は大規模化とＩＴ化が進んでいくことは間違いないでしょう。

農業リンクビジネスのヒント

新農業時代には、営業代行とかプロモーションなどの新たなビジネスが誕生してくるということを前述しましたが、それ以外にも、農業にリンクした新ビジネスが登場してくることでしょう。

たとえば、新たに「農業ファッション」というジャンルが生まれるかもしれません。

年配の農家の人たちは、作業服を農協や地元のスーパーで買っています。みんな同じ作業服を着ていても平気です。それが当たり前の世界で生きてきたからです。

しかし、若い農家や別の業界から農業界に入ってくる人が増えると、そうはいきません。もっとオシャレな作業服はないのかというニーズが生まれてくるでしょう。

そのとき誰かが、機能性がよくて通気性がよくて、軽くて丈夫な農業用ファッションのブランドを立ち上げていたら、もう大ヒット間違いなしです。

「でも、農業をしている人はどんどん高齢化しているんでしょ？　売れるはずないよ」と言うかもしれません。しかしファッションに気を使う人がまだまだ少数派だからこそ、チャンスなのです。

あるいは、トラクターの色も今はなぜか、赤か青しかありません。黄色のトラクターを発売してみればいいんですよ。あるいは7色シリーズにするとか、花だの鳥だのペインティングして、カスタマイズして販売してみればいいんです。そうすれば、グレーだった農業の世界が一挙にカラフルになるでしょう。

そう考えていけば、農業用の携帯電話や農業用のシューズ、あるいは農業用ドリンクというものがあってもいいでしょう。

たとえば、大正製薬が同社の主力商品である「リポビタンD」の子供向け商品として「リポビタンDキッズ」を発売したところ、多くの女性が購入しているそうです。つまり、潜在需要を掘り起こせたというわけです。

同じように、農業ファッションが農業者以外に売れることも考えられます。たとえば、都会で家庭菜園を楽しんでいる人はかなりの人数にのぼります。そんな人のために、プロが使っている鋤（すき）や鍬（くわ）にカラフルな柄をつけて売り出せば、ウケるかもしれません。

ネーミングも考えたほうがいいですね。たとえば田植機が「さなえ」という名前で販売されていたり、種蒔き機に「ごんべえ」という名がつけられていたり、あるいは肥料散布器に「まくぞーくん」という名がつけられていたりします。いずれもイマイチ感満載です。「もうちょっとスマートな名前にしたら」と思うのは、私ばかりではないでしょう。

結局、農家の80歳くらいのおじいちゃんやおばあちゃんが親しみやすい名前にしなければならない、というコンセプトでしか、商品開発がなされていないのです。

私も資金さえあれば、新ブランドをつくって、おしゃれなイケアと同じようなヨーロッパ風の斬新な色使いをした、農作業の服や農業用グッズを展開してみたいと思います。さぞおもしろいと思いますよ。

コンサルタント能力を身につけろ！

ここまで農業コンサルタントの仕事のおもしろさを書いてきましたが、実は、コンサル能力を身につけるのは、それほど難しいことではありません。

たとえば、ビジネスマンが商談のために出張に行ったとしましょう。多くの場合、帰ったら報告書を書かなければなりません。そのため商談相手と話をするときも、社長なり部長なりに報告するという前提で話をしているはずです。つまり、みんな報告ありきで仕事をする癖が身についています。

農業会社に入ったときも、それを思い出して、常に見えない誰かに報告するつもりで農業を見て、学んでいけばいいのです。

実はビジネス界から農業界に新規参入した人の多くが、10～20年という早さで成功している理由の一つはそこにあります。ビジネス界で経験を積んだ人のほうが、そうでない人より、スキルの成長度合いがはるかに早いのです。

もちろん、自分の生活がかかっているから、なんでも貪欲に吸収しようという気持ちをもっていることも大きな理由でしょうが、それ以上に、ビジネス界にいるうちに〝自分で理解して、説明ができるくらいまでものごとを洞察する癖〟がついているということです。

また、私は毎月、新規で農業を始めたメンバーと「未来農業会議」を開いていますが、その中で発見したことがあります。それは〝プレゼンテーションの力〟がいかに大切かということです。

未来農業会議は、もともとは農業に参入したものの、既存の農業者と価値観が合わなかったり、既存農家のやり方に譲歩せざるを得なくなったりした若者の相談に乗っていたのが発展したものです。

「自分もだんだん農家チックになってきた」と悩むメンバーに、「君たちは、農家になるために農業を始めたんじゃないよね？　新農業に挑戦するために来たんだよね」と、もう一度、目を覚まさせる場所が必要だったのです。

その会議で、私はみんなに「僕がティーチングするばっかりじゃなくて、みんながさ、プレゼンしてよ」と順番にしゃべらせています。

具体的には、毎月1人に、自分の経験をふまえながら〝自分がめざす農業〟をプレゼンさせ、それについてみんなで意見を出し合わせています。

すると、農業についてはゼロベースだった彼らが、短期間のうちに農業に対する理解をいかに深めているかがわかってきます。そんじょそこらの農家の人より、よほど農業の現状をわかっているし、これからどうすればいいかもしっかり考えています。

そして、そんな経験を何度か積ませているうちに、彼らは自分のプレゼン力をみるみる向上させていきます。

もともと一般の会社に勤めていて、学ぶスキル、それを人に報告するスキル、部下を統率するスキルなど、多くのスキルをもっていたところに、農業を理解していくのですから、鬼に金棒です。

彼らの中には、もう農業コンサルタントとしてやっていけるだけの力をもっている人材が何人もいます。

また私自身、そんな彼らから多くのことを学んでいます。私自身は農業歴20年、コンサル歴10年ほどですが、世代の差もあって、どうも自分の話がうまく若い人に伝わらないなと感じていた部分もありました。

ところが若い彼らが説明すると、非常にわかりやすい説明をするのです。私がいろいろ知りすぎたということもあるのかもしれませんが、たとえば、農業を始めて1年の若者が、新規参入して3か月の若者の話を聞いて「ウン、わかる！　僕が始めたときはこうだったよ」と話をしたほうがよほど伝わります。

だから、「もう、コンサルをやってくれ」と言っているのですが、「僕なんて、まだ1年しか農業やっていないし」と尻込みします。

確かに私自身も、42歳で独立してコンサルを始めたときには、50代や60代で、年上でスキルもある農家さんに、「自分はコンサルタントです」と名乗ることに抵抗がありました。

しかし考えてみれば、私はスキルのある人たちから学んだことを、私のあとから農業に参入してくる人たちに教えればいいだけです。また、時として若い人たちから学べることも少なくありません。それを伝えていけばいいだけです。

士業・コンサルタント専門の独立・起業アドバイザーの松尾昭仁先生が、こうおっしゃっていました。

「自動車学校の先生は、みんなＦ１ドライバーですか？　違うでしょう。あなたよりちょっと先に免許をとった人が教えているだけじゃない。だからみんながもっているスキルは、すべて次に始める人には役立つんだよ。それを伝えていくのがコンサルとしての役割なんです」と――。

私は、特に新農業ビジネスが始まったばかりだからこそ、コンサルの役割が大切だと思います。規制緩和が進み、農業の主戦場がビジネスという舞台に代わっていく以上、「僕は農業しか知りません」では、もう許してもらえません。欠品は許されないし、品質も統一しなければなりません。まして納期が遅れるなんてとんでもない。

しかし、約束したお金は間違いなく払います、というのがビジネスの掟です。その掟の中で農業者をサポートしていかなければならないのです。

今、新農業ビジネスは、別に私が推奨しなくても至るところで実践され始めています。また、国も推し進めようとしています。ただ、国が「新農業ビジネスをやってください」と言ってしまうと、既存の農業を否定してしまうから、言えないだけです。

それにちょっと釘を刺したのが、２０１５年から２０１７年にかけて自民党の農林水産部長をしていた小泉進次郎衆議院議員でした。

彼は、「農業は衰退産業ではなく成長産業だが、今までの延長線上に農業の未来はない」と発言しています。また「国は、農家を増やせ農家を増やせと言っていますが、農家を増やしても意味はない」という趣旨の発言をしています。

つまり日本は今後、既存の農家を守るだけではなく、もっと新農業経営者を育てるべきだと言っているのです。

それが必要であることには官僚も気づいているでしょう。ただ、それを口にすると、地方や農村での尊王攘夷派のクーデターが起こるから言わないだけの話です。

海外をめざすべき日本の農業

２０２５年に、団塊世代がいよいよ75歳を迎えることになっています。その先にあるのは人口減少社会です。

今は75歳の団塊世代の人たちが４０００万人くらいいて消費を支えていますが、その人たちがもう若いときのようにたくさんは食べませんから、当然、食料需要も下向いていくでしょう。

その中で確実に起きるのが、ここまで書いてきたような〝既存の農業者と新農業者の入れ替わり〟です。農業の大規模化と集約化が進むにつれて、農場の持ち主はスライドして、代わって主役になるのが大規模農業法人です。白菜でも大根でも人参でも、商品を裏返してみると、「製造元：株式会社 ○○」と表示されているというような時代がやってきます。もしかしたら、「昔、農業って個人経営の農家がやっていたらしいよ」という歴史が語られるようになるかもしれません。

しかし2030年には、日本の人口は1億人となります。今より2000万人も人口が減少する時代に突入すると、大規模農業法人といえども行き詰まってくるでしょう。

そこで商圏として浮上してくるのがアジアです。たとえばインドや東南アジア諸国は、今も爆発的に人口が増えています。あるいはアジアではありませんが、ナイジェリアや南アフリカもそうです。それらの国々に、それらの国々の人々が求める農作物をつくって売れるかどうかが問われることになります。

そのためにもTPPを成功させ、自由貿易の枠を広げておく必要があります。

そもそも日本の農業界は、これまで「より安い農産物が日本の市場に入ってきたら、俺たち食っていけないよ」とTPPに反対してきました。

しかし、立場が変わります。新農業においては、農業者こそが売り主です。昔のように、自分たちの都合でつくったものをいかに売るかではなく、相手が望むものをいかにつくって、いかに買ってもらうかの勝負になります。そのとき、関税の壁があったら苦労するばかりです。

今はまだ、国内で生産したものを国内で売るというかたちが成り立っていますが、いずれ国内で生産したものが余るようになります。そして諸外国では、人口増加により農産物が足りなくなります。そのとき、関税をかけられずにメイド・イン・ジャパンの農産物を受け入れてもらえるように、確実に準備しておかなければならないのは明らかです。

これまでTPPに反対していた人たちも、この現実を理解するようになってきています。また、政界の中でもいわゆる農林族は縮小しつつあります。農林水産大臣も、しばらく農林水産省の官僚から出ていません。本書執筆時点で農林水産大臣の齋藤健さんも、元・通産官僚です。さらに、農林水産省次官に現職の経済産業省局長が抜擢されました。

そもそも農業も産業なのですから、農商工産業省とかになる可能性もあるのではないかとさえ思っています。もしくは、農業生産や栽培技術を重んじる農業生産庁と、新農業ビジネスを進める農産業庁に分離して、政策を進めてみては、と思っています。

そんな中、既存の農家さんに「営業できるようになりなさい」「自分のビジネスモデルをデザインできるようになりなさい」というのは酷だと思います。既存の農家さんはこれまで同様に既存の農業をするべきですし、新たに農業界に入る人には新農業を始めるチャンスがあるということなのです。

そういう意味からも、多くのビジネスマン、ビジネスウーマンが農業界に入ってきて、いろいろイノベーションしてくれるということは大切なことだと思います。

伝統を重んじる方々からすると、いわゆる〝異物〟が入ってくることに多少の違和感はあるでしょうが、そうした軋轢（あつれき）は時代が変わるときには常に生じるものです。

明治維新のときも、そして大正時代になってからも、イギリスから来た洋装のスーツを着たがらず、ちょんまげと脇差しをやめなかった人たちがたくさんいたわけですから……。

しかし、それも原敬内閣が平民政治を始めた頃、やっと四民平等が当たり前の時代になって、「そういえば、昔はちょんまげだったよな」と、笑い話になりました。

それと同じです。

私は、「今は会社が農作物をつくっているけど、そういえば、昔は農家さんっていうのが四苦八苦して農業をしていたんだってね」と振り返る時代になるんじゃないかな、と思っています。

待ち受ける農業法人の「M&A合戦時代」

これは、もう少し先の先の話になりますが、いずれ農業法人同士の激しいM&A合戦が始まることになるでしょう。実際、その兆しはすでに表れています。

農林水産省によると、次のグラフを見てもわかるように、一般法人の農業参入数は2017年末の時点で3030となっており、2009年の農地法改正をきっかけにして、7年で6倍以上も増加しています。

また、その内訳を業務形態別、営農作物別、借入農地面積規模別に見ると、それぞれ次のようになっています（いずれも農林水産省HP、2017年末現在より）。

これらの新規参入法人の中でも、急激に成長しているのはM&Aを繰り返している会社です。その動きは今後ますます加速していくでしょう。

さらには前述したように、海外進出を進めるにつれて、国内業者とだけではなく外国資本との戦いも予想されます。

そういう意味では、今、日本の農業は司馬遼太郎の歴史小説『坂の上の雲』の世界を迎えています。

明治維新を経て、新国家に生まれ変わった日本は、欧米列強からさまざまなことを学びながら、近代国家として成長していきました。

一般法人数の推移

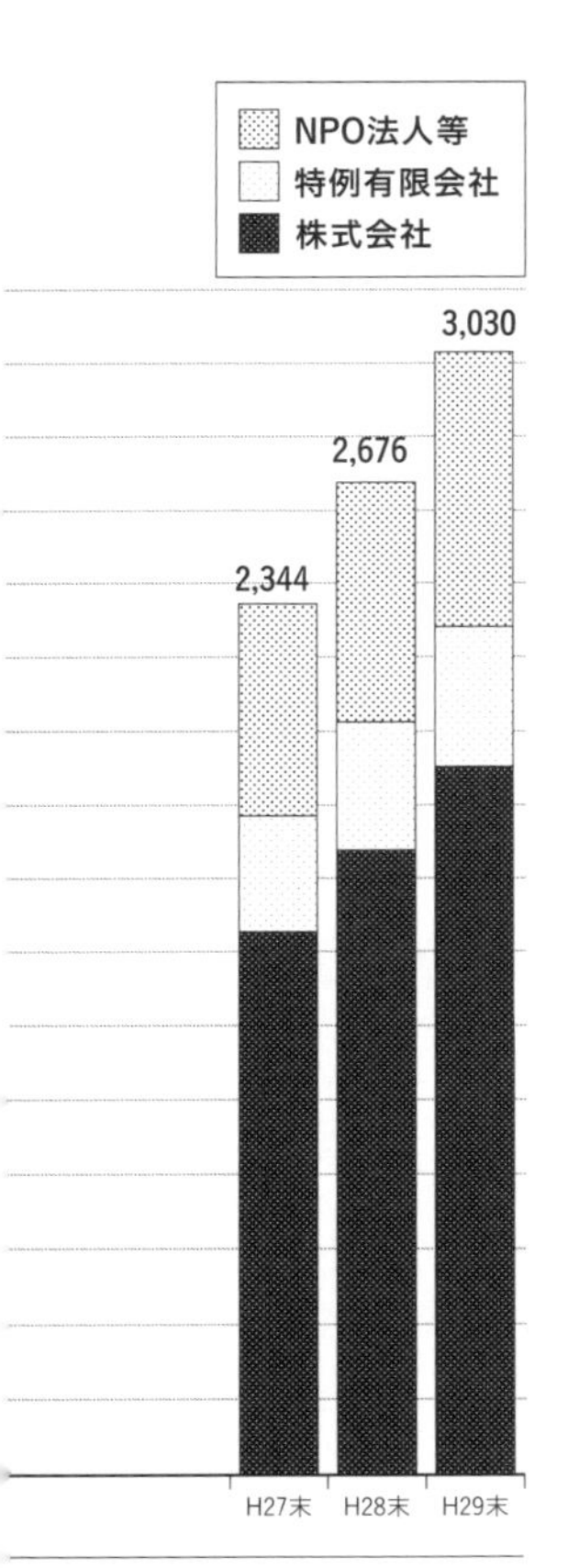

農地を利用して農業経営を行う一般法人は平成29年12月末現在で3,030法人。平成21年の農地法改正によりリース方式による参入を全面自由化し、改正前の約5倍のペースで増加している。

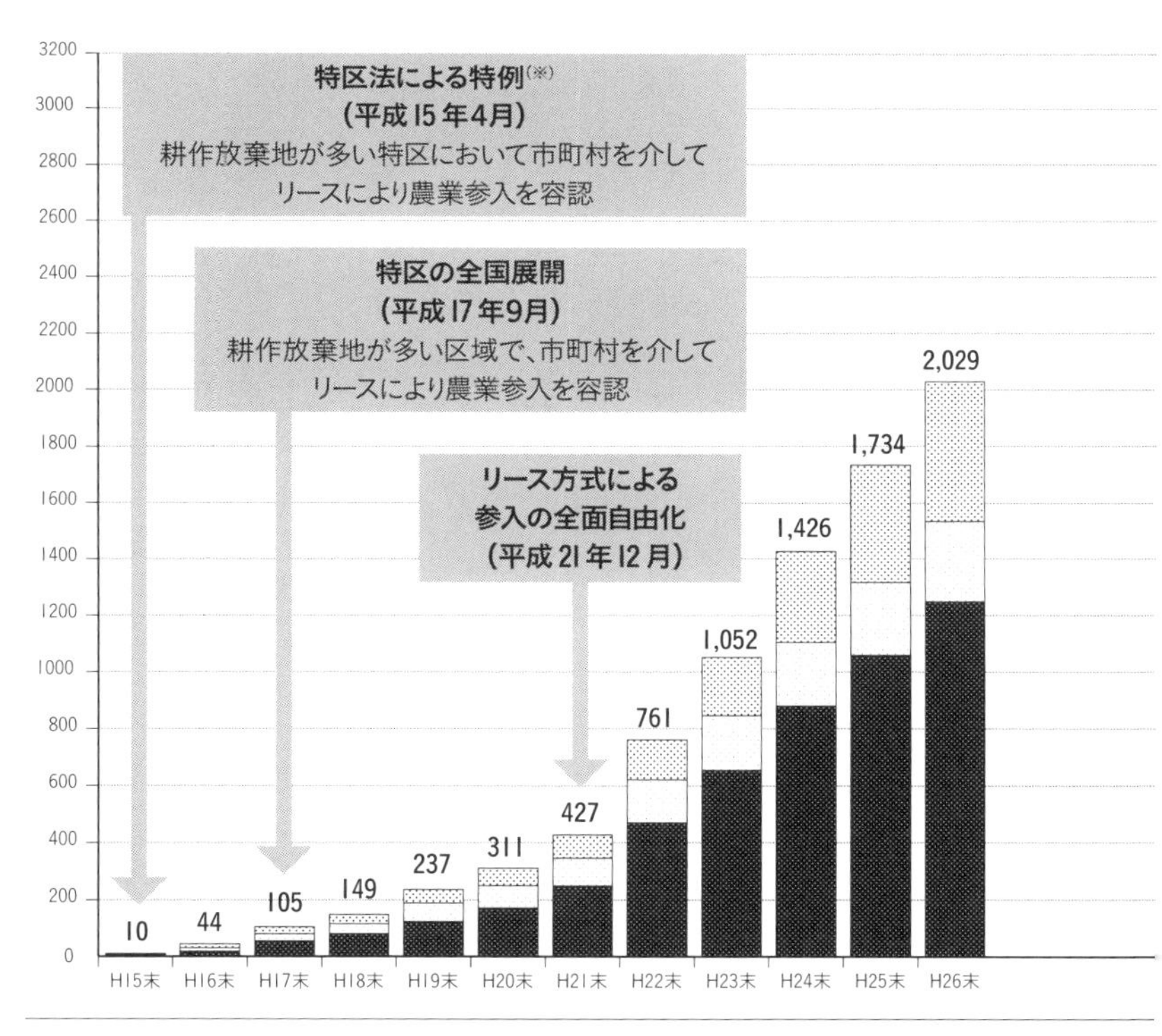

※構造改革特区制度により、遊休農地が相当程度存在する地域について、市町村等と協定を締結し、協定違反の場合には農地の貸付契約を解除するとの条件で、農業生産法人（当時の名称）以外の法人のリースによる参入を可能とした（農地法の特例）

資料：農林水産省経営局調べ（平成29年12月末現在）

農林水産省 HP より「一般法人の農業参入の動向」

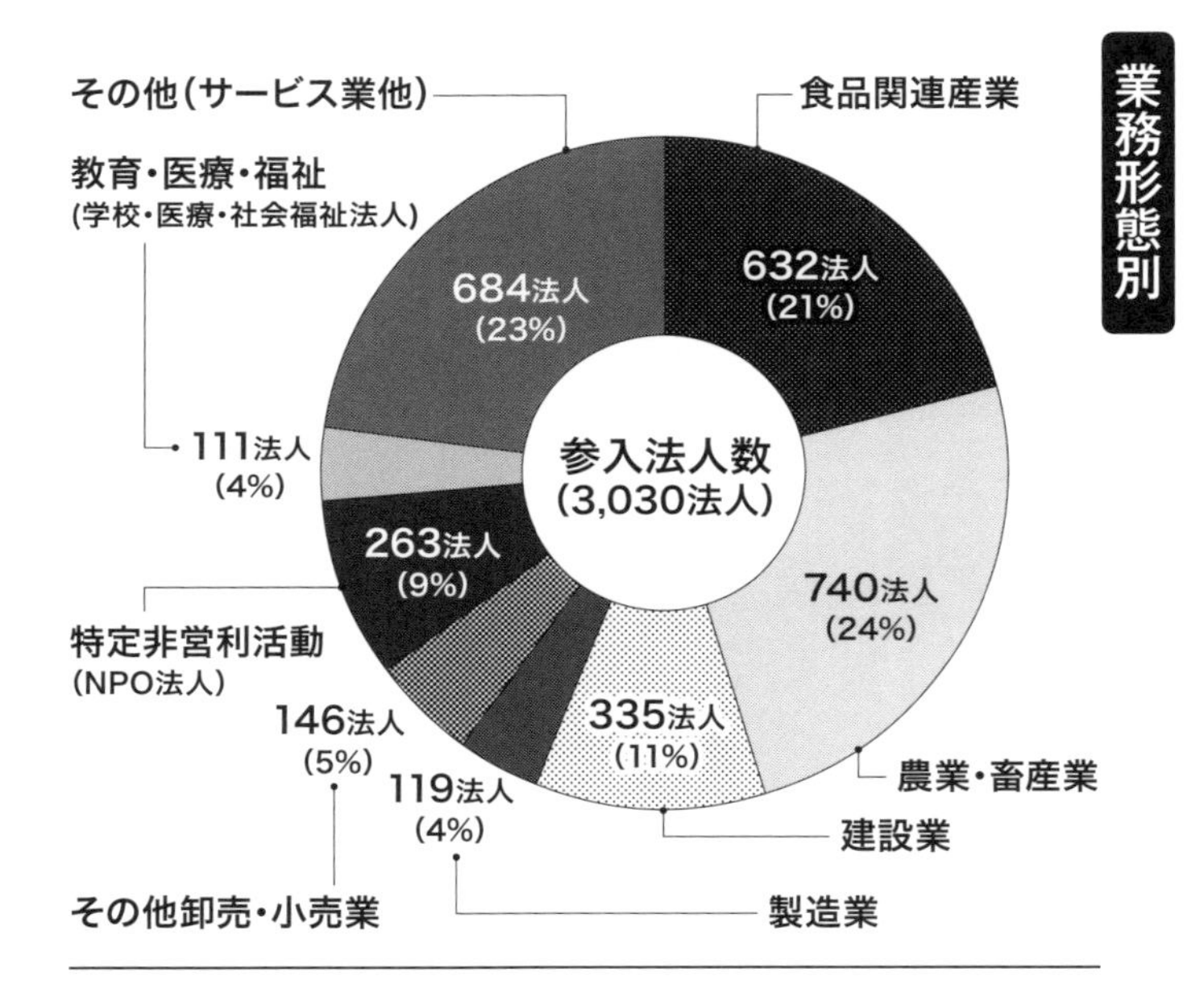

食品関連産業 ▶ 632 法人（21%）

農業・畜産業 ▶ 740 法人（24%）

建設業 ▶ 335 法人（11%）

製造業 ▶ 119 法人（4%）

その他卸売・小売業 ▶ 146 法人（5%）

特定非営利活動（NPO 法人） ▶ 263 法人（9%）

教育・医療・福祉（学校・医療・社会福祉法人） ▶ 111 法人（4%）

その他（サービス業他） ▶ 684 法人（23%）

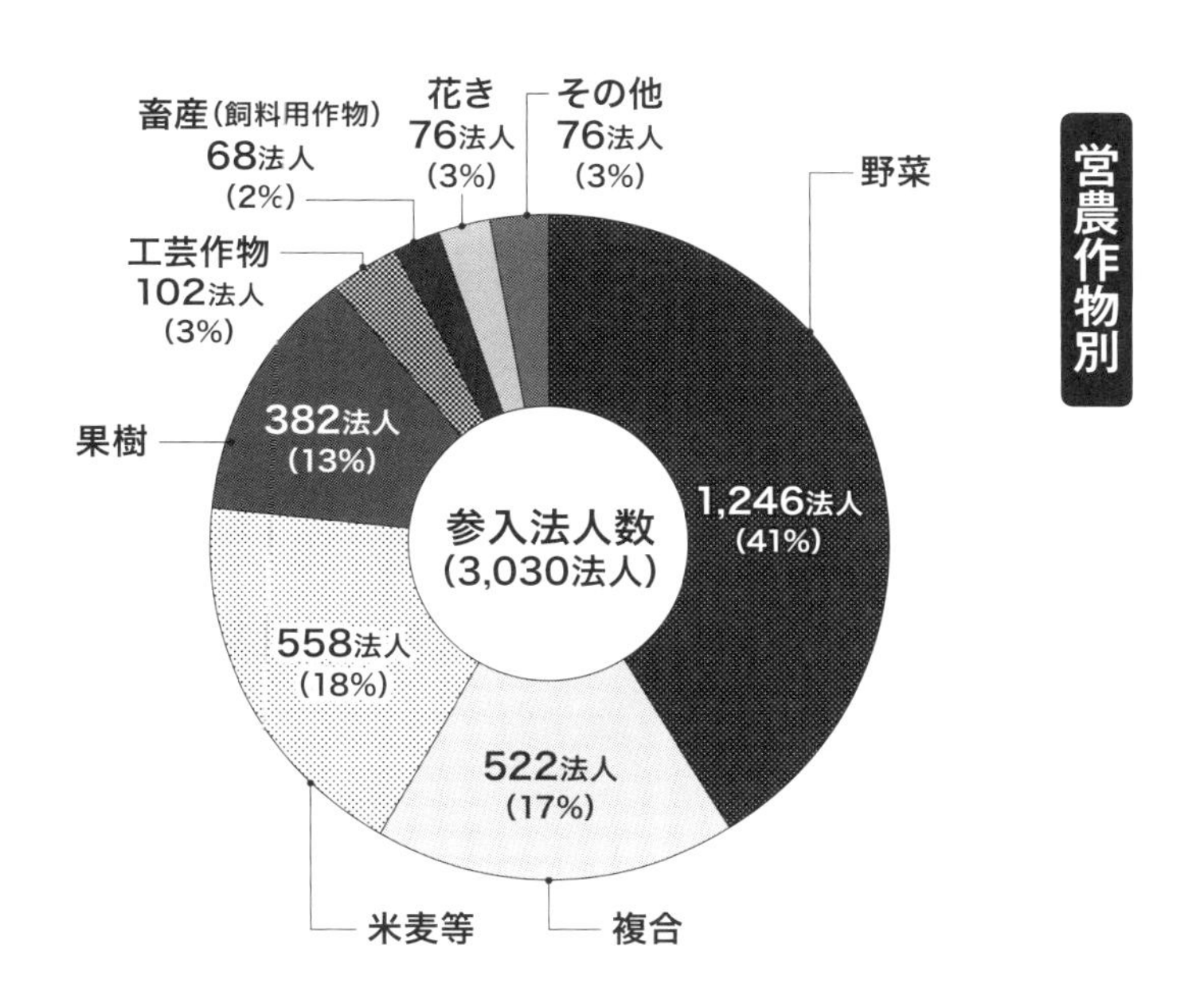

野菜 ▶ 1246 法人（41%）

複合 ▶ 522 法人（17%）

米麦等 ▶ 558 法人（18%）

果樹 ▶ 382 法人（13%）

工芸作物 ▶ 102 法人（3%）

畜産（飼料用作物） ▶ 68 法人（2%）

花き ▶ 76 法人（3%）

その他 ▶ 76 法人（3%）

借入農地面積規模別

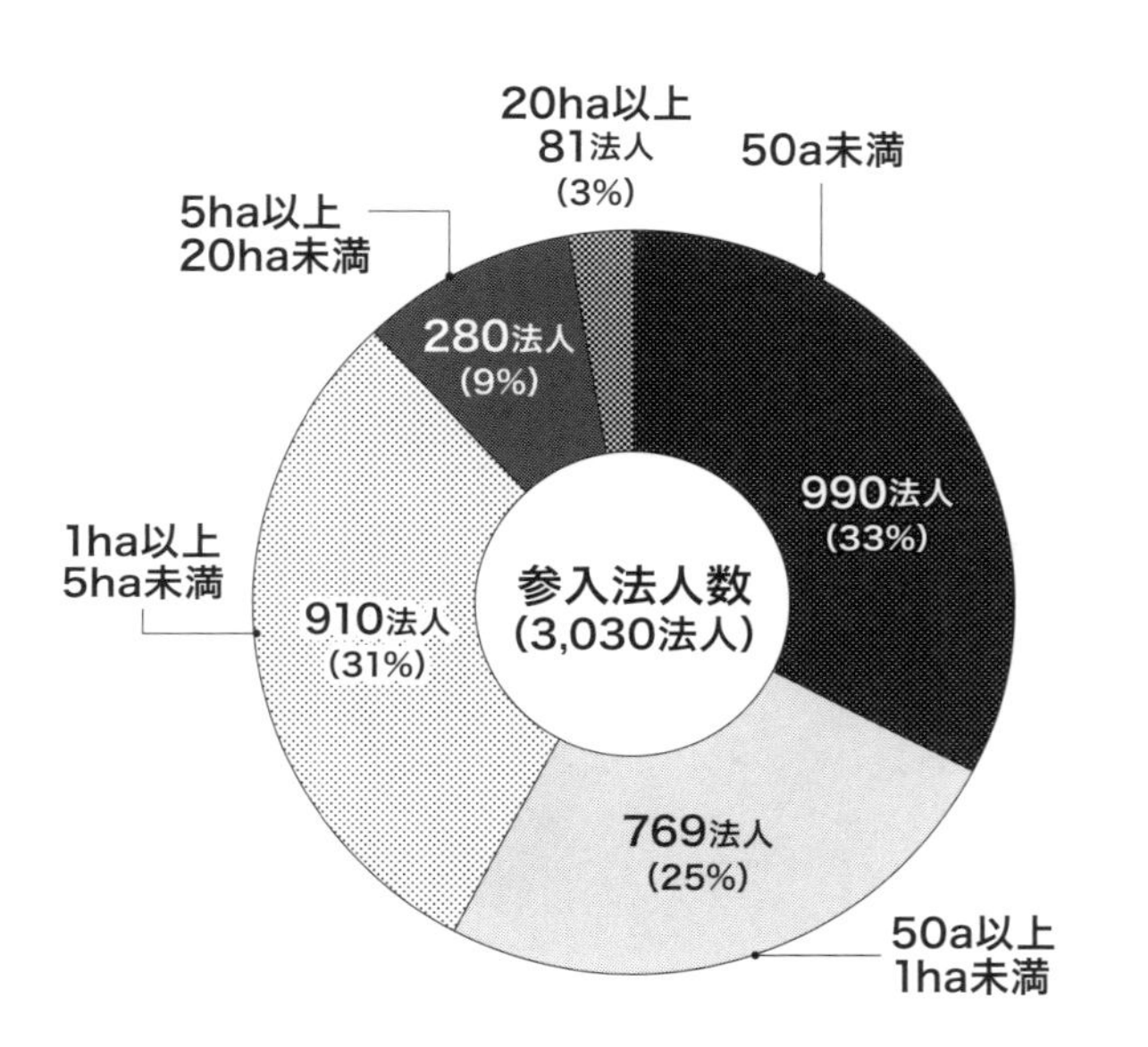

一般法人の借入面積の合計	8,927ha
1法人あたりの平均面積	2.9ha

(一般法人の借入面積の合計=8927ヘクタール、1法人あたりの平均面積=2.9ヘクタール)

---

50 アール未満 ▶ 990 法人(33%)
50 アール以上 1 ヘクタール未満 ▶ 769 法人(25%)
1 ヘクタール以上 5 ヘクタール未満 ▶ 910 法人(31%)
5 ヘクタール以上 20 ヘクタール未満 ▶ 280 法人(9%)
20 ヘクタール以上 ▶ 81 法人(3%)

農林水産省 HP より「一般法人の業務形態別・営農作物別・農地面積規模別内訳」

『坂の上の雲』では、旧伊予国（愛媛県）松山出身で、日本陸軍における騎兵部隊の創設者となった秋山好古（よしふる）、その実弟であり海軍で活躍した秋山真之（さねゆき）、そして真之の親友で俳人の正岡子規の3人が、〝坂の上の雲〟をめざすように、大志をいだいてまっすぐに生きていきます。あなたも、新農業ビジネスの世界で、そんな生き方をしてみませんか！

おわりに

熊本の田舎で農家の長男として生まれ、農業しかしてこなかった私が、今こうしてビジネス本を執筆しているなんて、信じられません。

人生、何があるかわからないものですね。

今、この本を手にとっていただいている方の中にも、もしかしたら近い将来、農業ビジネスにかかわっていく方が現れるでしょう。人生には、これまでまったく予想しなかったような展開が起こり得るのです。

インターネットが普及し始めた頃、テレビ、ラジオ、新聞はいずれなくなると言われていました。それまでは一方的に情報を発信するだけだったメディア業界に、相互に情報のやり取りができるという、まったく新しい情報通信カテゴリーが登場してきたのです。

当時は、これまでの概念になかったことが起きるということで、情報が入り乱れ、

「２０００年を直前にした１９９９年12月31日の24時には、何かしらトラブルが起きるのでは？」という、いわゆる「２０００年問題」騒ぎすら起きました。

しかし現在はどうでしょうか。インターネットはごく当たり前の存在となり、今では３歳の子供でさえスマホをいじっていますし、おじいちゃん、おばあちゃんたちも気軽にネットショッピングを楽しんでいます。

この本で私が書いている「新農業ビジネス」も、それと同様です。

「これまでの既存の農業とは別に、〝お客様〟を意識した組織型農業という新しいカテゴリーの農業経営形態が始まりますよ」という、近未来図を解説しているだけなのです。

決して、既存の小規模農家がなくなるとか、農協がなくなるとかいう怖い話ではないのです。

ただ、インターネットが普及するタイミングで、ＩＴバブルが起きたことを思い出してほしいと思います。あのとき、新しいＩＴの世界に挑戦した多くの人たちが、大きな利益を得ることができたことは誰もが覚えているはずです。

もちろん、中にはＩＴで失敗した方々もたくさんいたでしょう。なにしろ誰もやったことがなかったことに挑戦したのですから、失敗する人も出てきます。

しかし、その後の世界はわずか20年足らずで、ＩＴなくしては国内経済も国際経済も語れないようになっています。

それと同じことが、今、日本の農業界で起きようとしているのです。

日本の農業界には、あのＩＴバブルに匹敵するような大きな波が押し寄せています。全国各地で、この波に乗ろうと挑戦者が続々と農業界に参入しています。そして、そうした動きの中から、これからの日本を支える成長エンジンとしてのビジネスが育っていくと、私は確信しています。

本書で、今の農業界で起きていることを少しでも知っていただき、チャンスをつかんで、自分の人生を大きく転換される方が出てこられることを期待いたします。

新規に農業ビジネスに挑戦しようと思われる方で、弊社の取り組みに興味をもたれた方は、いつでも気軽にご連絡ください。

農業事業の始めの一歩を応援する
株式会社　農テラス　http://www.notera.co.jp/

これまで、私に農業とビジネスをご指導くださいました皆様に感謝いたします。

農業のイロハを教えてくれた両親、地域農家の皆様。そして農業について、農と業を分けて考えることを教えてくださいました「株式会社　果実堂」の井出剛社長、ならびに全国の農業ビジネスを実践している農業企業の経営者の皆様。

そんな方々のこれまでの取り組みを勉強させていただいたおかげで、本書を書くことができました。

最後に、出版のきっかけをつくってくださいました松尾昭仁さん、執筆に際し快く取材に応じてくれた先進農業者の方々、そして企画から出版までをあたたかくご指導いただきました「株式会社　すばる舎」の皆様に、心より感謝いたします。

●著者プロフィール

山下 弘幸（やました　ひろゆき）

株式会社 農テラス　代表取締役
農業参入コンサルタント
株式会社 アグリビジネスマネジメント　取締役

新規農業参入から、農業ビジネス戦略まで、農業事業者、経営者を幅広くサポートする「企業専門の農業戦略コンサルタント」

野菜農家の3代目として熊本県益城町に生まれる。

1989年、熊本県立農業大学校を卒業後就農。主にスイカ、ナス、ほうれん草などの野菜を栽培。27歳で農業経営を開始するが、典型的な「儲からない農業」で経営を悪化させる。

32歳で“お客様”を意識した新農業に気づき「稼ぐ農業」に転換。経営をV字回復させる。

2007年、農業ベンチャー企業に入社、09年に同農業生産法人（現・農地所有適格法人）の代表取締役に就任し、“利益を追求する”新・農業ビジネスを実践。2012年、全国初となる農業参入専門のコンサルタント会社「株式会社 農テラス」を設立し、100社以上の農業事業支援（自治体農業支援含む）を行う。また、新・農業ビジネスをテーマにした講演会の動員数は延べ10,000人を突破、企業、農協、自治体、商工会からの講演依頼が後を絶たない。

2017年には農業生産工程の国際基準であるグローバルGAPコンサルタント補を取得し、オランダエージェントGreenbridge International社と連携するなど、日本農業のグローバル化に向けた準備を進めている。

現在は新規農業者を対象にした農業未来会議を主催。くまもと農業アカデミー講師、くまもと農業経営塾講師、熊本県立農業大学校「アグリビジネス講座」「農業政策論」講師を務めるなど、若手農業者・新規農業者の人材育成に力を入れている。

2019年4月には農業ビジネススクールを開校予定。

株式会社 農テラス　http://www.notera.co.jp/

稼げる！ 新農業ビジネスの始め方

2018年9月25日　　第1刷発行

著　　者　山下弘幸
発 行 者　徳留慶太郎
発 行 所　株式会社 すばる舎
〒170-0013　東京都豊島区東池袋3-9-7　東池袋織本ビル
TEL　03-3981-8651（代表）　03-3981-0767（営業部）
振替　00140-7-116563
URL　http://www.subarusya.jp/

企画協力　松尾昭仁（ネクストサービス）
プロデュース　中野健彦（ブックリンケージ）
編集協力　河野浩一（ザ・ライトスタッフオフィス）
ブックデザイン　澤村桃華
本文DTP　新井田良基（プリ・テック）
校　　正　川平いつ子

印刷・製本　中央精版印刷株式会社

落丁・乱丁本はお取り替えいたします

ISBN978-4-7991-0740-9